Gründer.de
Für Startups, Unternehmer, KMUs & Selbstständige

DAS 24 STUNDEN STARTUP

Thomas Klußmann
Christoph J. F. Schreiber

Die Schnellstart-Praxisanleitung für eine sichere und erfolgreiche Existenzgründung

für Juliane

ÜBER DIE AUTOREN

Den Autoren dieses Buches liegt es besonders am Herzen, dir dabei zu helfen, deine Projekte möglichst effizient auf die Straße zu bringen. In einem Gespräch mit Bodo Schäfer auf einem ihrer Events in St. Tropez im September 2017 antworteten sie auf die Frage, was sie wirklich motiviert: „Wenn wir morgens den Rechner anmachen und ein Bild auf Facebook oder Instagram sehen, wie jemand am Strand unser Buch liest, um im Leben weiter zu kommen – dann wissen wir, dass wir etwas richtig gemacht haben. Darum geben wir weiter Vollgas".

Thomas Klußmann

Seit 2002 spezialisiert sich Thomas Klußmann auf Online Marketing. Er leitete Teams, etablierte eigenständige Projekte und erwarb fundierte Fachkenntnisse bei 7 verschiedenen Unternehmen vor, während und nach seinem BWL-Studium. Seit 2011 ist Thomas Klußmann zertifiziert als Google Adwords Qualified Professional sowie Referent und Coach. Als Kopf hinter der Marke Gründer.de versteht er es wie kaum ein Zweiter, große Besucherströme im Internet zu generieren. Mittlerweile betreut sein Unternehmen über 10.000 Kunden im deutschsprachigen Raum.

2016 bekam Gründer.de ein vollständiges Redesign. Gemeinsam mit seinem langjährigen Geschäftspartner Christoph Schreiber etablierte Thomas Klußmann im August 2017 mit „Digital Beat" eine neue Dachmarke. Im gleichen Jahr wuchs das Team auf 20 Mitarbeiter und es entstanden mit dem Gründerkongress und dem Erfolgskongress zwei richtungsweisende neue Eventformate in Deutschland, die jeweils über 30.000 Teilnehmer anzogen.

Christoph J. F. Schreiber

Christoph J.F. Schreiber ist Unternehmer und Veranstalter der Contra, One Idea Mastermind & One Idea Masterclass. Er studierte an der Universität Düsseldorf und an der Universität Köln BWL und betreibt heute unter anderem rum-tasting.de. Er ist Autor zahlreicher Studien und Co-Founder u.a. von Gründer.de, der Digital BEat GmbH und der Unternehmensberatung Heinrich-Heine-Consulting.

VORWORT

Es sind oft ganz unterschiedliche Gründe, die uns davon abhalten, unsere Träume, Visionen und Pläne in die Tat umzusetzen. Wir alle kennen die Situation, dass man sich etwas ganz fest vornimmt, es letztendlich aber doch wieder aufschiebt, weil [...] und so vergehen Wochen, Monate oder sogar Jahre, ohne dass man sein Vorhaben angegangen ist.

Der Klassiker unter den Gründen ist oftmals die Zeit. Die Schnelllebigkeit unserer heutigen Gesellschaft verlangt uns einiges ab. So führen wir einen täglichen Kampf gegen die Uhr und versuchen immer mehr Aufgaben in immer kürzerer Zeit zu erledigen. Im hektischen Alltag fragt man sich des Öfteren "Wie soll ich das alles bloß schaffen?" und stellt seine Wünsche schnell hinten an, weil die To-Do-Liste ohnehin schon so lang ist. Hat man es doch geschafft, sich etwas Zeit freizuschaufeln, um sich mit seinem Vorhaben zu beschäftigen, kommen nicht selten Versagensängste auf, die einem im Weg stehen. „Was ist, wenn es schiefgeht?" Anstatt sich intensiv damit auseinanderzusetzen und sich um Lösungen zu bemühen, gibt man nicht selten einfach auf. Zu viel Aufwand. Und lieber kein Risiko eingehen. Dann bleibt halt alles beim Alten.

Bei dem Vorhaben eine Gründungsidee praktisch umzusetzen, kommt man jedoch nicht daran vorbei, sich eingehend mit vielen verschiedenen Aspekten zu beschäftigen, damit das eigene Business auch funktioniert und Früchte trägt. Doch wer hat gesagt, dass das immer furchtbar kompliziert sein muss?

Dieses Buch wird dir dabei helfen, dein Projekt endlich auf die Straße zu bringen, denn wir erklären dir, wie es möglich ist, deine Idee unkompliziert, zeitsparend und mit überschaubaren Kosten zu verwirklichen und zu testen.

Kapitel für Kapitel leiten wir dich durch den Gründungsweg und zeigen dir, welcher Schritt zu welchem Zeitpunkt wirklich nötig ist und worauf es dabei ankommt. Jedes Kapitel widmet sich einer der Hürden, die es auf dem Weg zum eigenen Unternehmen zu meistern gilt und versorgt dich mit konkreten Hilfestellungen, die dich dazu befähigen, jede dieser Hürden erfolgreich zu nehmen. Wir haben dir schon Arbeit abgenommen und viele konkrete Tipps, Tools und Best Practices für dich zusammengetragen, die dir bei einer schnellen Lösung helfen, sodass du nicht mehr Zeit verlierst als nötig und dich zu 100% auf dein Handeln fokussieren kannst.

Als Bonus haben wir für dich darüber hinaus einen internen Mitglieder-Bereich auf Gründer.de eingerichtet, in dem wir dir als weitere Unterstützung wichtige Formulare und Spreadsheet-Vorlagen zum Download zur Verfügung stellen, die du für die Umsetzung deines Projekts benötigst. Deine Zugangsdaten zum Download-Bereich hast du direkt nach dem Kauf per Mail erhalten.

Download-Bereich
mitglieder.gruender.de

Jetzt bist nur noch du gefragt! Schmeiß deine Ängste und Ausreden über Bord, starte durch mit unserem ambitionierten 24h-Schnellstart-Plan und setze deine Idee endlich in die Praxis um! Keine Angst, du musst nicht die nächsten 24 Stunden auf Schlaf verzichten und alles in den nächsten 24 Stunden durchziehen, darfst dich aber gerne ermutigt fühlen dies zu tun, wenn die Motivation dich erstmal packt. Ebenso kannst du dir 6 Tage lang 4 Stunden Zeit nehmen oder auch 24 Tage lang eine Stunde daran arbeiten, deine Träume endlich zum Fliegen zu bringen. Fakt ist, dass du letztendlich nicht mehr als 24 Stunden Zeit investieren musst, um deine Idee erfolgreich zu testen. Also beraube dich nicht deiner Chancen und mach den ersten Schritt, indem du dieses Buch liest. Denn du wirst erstaunt sein, was für eine Energie freigesetzt wird, wenn du merkst, dass die Dinge funktionieren. Also, bist du bereit dich von diesem Gefühl beflügeln zu lassen und deinen Zielen aktiv entgegen zu schreiten?

Die Zeit läuft jetzt. Du hast 3 Stunden Zeit, um dieses Buch durchzulesen. Danach bleiben dir noch 21 Stunden für die Umsetzung. Für ein optimales Zeitmanagement haben wir dir am Ende des Buches eine 24h-Übersicht erstellt, die dir ein klares Zeitlimit für die Umsetzung jedes Kapitels vorschlägt, damit du dich nicht verrennst oder in Details verlierst, sondern deine Ziele geradlinig und mit maximaler Geschwindigkeit ansteuerst. So kannst du es schaf- fen, endlich das zu tun, was du vielleicht schon viel zu lange vor dir herschiebst.

An dieser Stelle noch ein kleines Dankeschön: Ich möchte allen Käufern dieses Buchs eine kostenlose Strategieberatung mit unseren Gründungsexperten anbieten. Du erhältst die Chance dich 30 Minuten von einem unserer ausgebildeten Head-Coaches Beraten zu lassen. Wir besprechen individuell und 1 zu 1 deine aktuellen Herausforderungen, damit deine Geschäftsidee noch schneller erfolgreich werden kann. Wie du diese Überraschung einlösen kannst? Vereinbare jetzt auf

www.gruender.de/kickstart

mit nur 2 Klicks deinen persönlichen Beratungstermin. Bitte habe Verständnis, dass wir die Gespräche exklusiv für Buchkäufer anbieten. Nur so können wir sicherstellen, dass keine wochenlangen Wartezeiten entstehen. Ich möchte dich daher bitten, den Link nicht zu teilen.

Bevor es nun endlich losgeht, geben wir dir hier vorab einen kurzen Überblick darüber, wie das Buch aufgebaut ist:

Die Kapitel des Buches sind in der Reihenfolge angelegt, in der du die verschiedenen Aufgaben angehen solltest. Da es für den Erfolg deiner Geschäftsidee entscheidend ist, mit welchem Geschäftsmodell du sie umsetzt, widmet sich Kapitel 1 diesem ersten wichtigen Schritt. Wir erklären dir, wie du ein potentiell tragfähiges Geschäftsmodell entwickelst und wie du vorab die Zahlen im Blick behältst und evaluieren kannst, ob dein Business

Model langfristig erfolgreich ist.

Solltest du an dieser Stelle feststellen, dass sich dein Vorhaben nicht mit deinen eigenen monetären Ressourcen realisieren lässt, zeigen wir im nächsten Schritt genau dafür eine Lösung: In Kapitel 2 stellen wir dir 3 Finanzierungsformen deiner Idee vor, die mit geringem Aufwand realisierbar sind und geben dir konkrete Tipps zur Vorgehensweise.

Damit du dich im Laufe unseres Vollgas-Durchlaufs nirgendwo abgehängt fühlst, geben wir dir in Kapitel 3 mit unserem Schlachtplan einen Überblick über alle Aufgaben, die noch zu tun sind und halten hier eine praktische Umsetzungshilfe parat, die du dir in Form deines eigenen Schlachtplans erstellen kannst.

Kapitel 4 widmet sich der Frage, was alles zu tun ist, um dein Produkt verkaufen zu können. Dafür gehen wir alle essentiellen Schritte mit dir durch.

Anschließend erfährst du in Kapitel 5, was du konkret für die erfolgreiche Vermarktung deines Produktes benötigst, sodass du einen funktionierenden Verkaufsprozess für deinen Produktlaunch auf die Beine stellen und ausreichend Interessenten mit deinem Produkt in Kontakt bringst kannst.

Erst danach kümmerst du dich in Kapitel 6 um deine unternehmerische Struktur, denn zuerst eine Firma zu haben, aber nicht zu wissen, was du wie verkaufst, macht wenig Sinn. Jetzt wo du dir im Klaren darüber bist, muss es nun natürlich auch ein Unternehmen hinter deinem Produkt geben. Wir informieren dich in diesem Kapitel, was du alles für dein eigenes Unternehmen benötigst und wie du konkret vorgehen musst, um es anzumelden.

Um den langfristigen Erfolg deines Unternehmens zu sichern, ist jetzt Organisation gefragt. Deshalb widmet sich das vorletzte Kapitel den Prozessen, die hintenherum laufen und nötig sind, um das Unternehmen beim Laufen zu halten. Kapitel 7 führt alle wichtigen Prozesse auf und stellt dir verschiedene Möglichkeiten vor, wie du diese mit so wenig Aufwand wie möglich verwalten kannst. In Kapitel 8 findest du abschließend unseren 24h-Plan und kannst endlich loslegen!

GESCHÄFTSMODELL

Eine gute Geschäftsidee ist nur dann wirklich wertvoll, wenn sie in einen Plan übertragen und anderen verständlich gemacht werden kann. Hierbei spielt das Geschäftsmodell eine entscheidende Bedeutung. Die Entwicklung eines eigenen Geschäftsmodells ist die Grundlage für den wirtschaftlichen Erfolg und dient zur Überprüfung der Tragfähigkeit des Konzepts. Solltest du bereits ein potenziell tragfähiges Geschäftsmodell entwickelt haben, dann kannst du dieses Kapitel einfach überspringen.

Musst du diese Hürde noch nehmen, dann folge nun unseren Tipps. Im ersten Schritt erklären wir dir, wie du dein Geschäftsmodell entwirfst und welche Punkte entscheidend für ein erfolgreiches Geschäftsmodell sind. Im zweiten Schritt widmen wir uns den Zahlen und zeigen dir, wie du dein Geschäftsmodell evaluieren kannst, um Kapitalbedarf, Cashflow und das langfristige Potential deines Geschäftsmodells abschätzen zu können.

SCHRITT 1: DIE ENTWICKLUNG DEINES GESCHÄFTSMODELLS

Für viele Gründer ist es schwierig, ein passendes Geschäftsmodell zu entwerfen und dieses in das enge Korsett eines Businessplans zu zwängen. Viel einfacher geht die Entwicklung eines Geschäftsmodells nach dem Business Model Canvas. Das Business Model Canvas hilft dir bei der Visualisierung und Ausformulierung deines Geschäftsmodells und kann somit deutlich effizienter zum Ziel führen. Anstatt tagelang oder sogar wochenlang über einem Businessplan zu brüten und diesen in allen Details auszuformulieren, kann ein ähnliches oder besseres Ergebnis mit dem Business Model Canvas in wenigen Stunden erreicht werden. Besonders vorteilhaft ist dabei, dass alle wesentlichen Elemente eines Geschäftsmodells in ein skalierbares System integriert werden können, sodass du nicht nur die erste Planung des Geschäftsmodells vornehmen, sondern auch unterschiedliche Varianten und verschiedene Schwerpunkte gegenüberstellen und vergleichen kannst. Somit kannst du dein individuelles Geschäftsmodell deutlich effektiver entwickeln und die Entwicklung deines Unternehmens mit den richtigen Schwerpunkten vorantreiben.

Ein Bild sagt manchmal mehr als tausend Worte. Diese einfache Wahrheit ist die Grundlage des Business Model Canvas. Zur Entwicklung deines persönlichen Geschäftsmodells solltest du dir dementsprechend ein sehr großes Blatt Papier nehmen und anfangen, dein Geschäftsmodell zu visualisieren. So kannst du nicht nur die verschiedenen Verknüpfungspunkte besser integrieren, sondern siehst oftmals auf einen Blick, in welchen Bereichen dein Geschäftsmodell noch schwächelt und in welchen du besonders gut aufgestellt bist.

Das Business Model Canvas

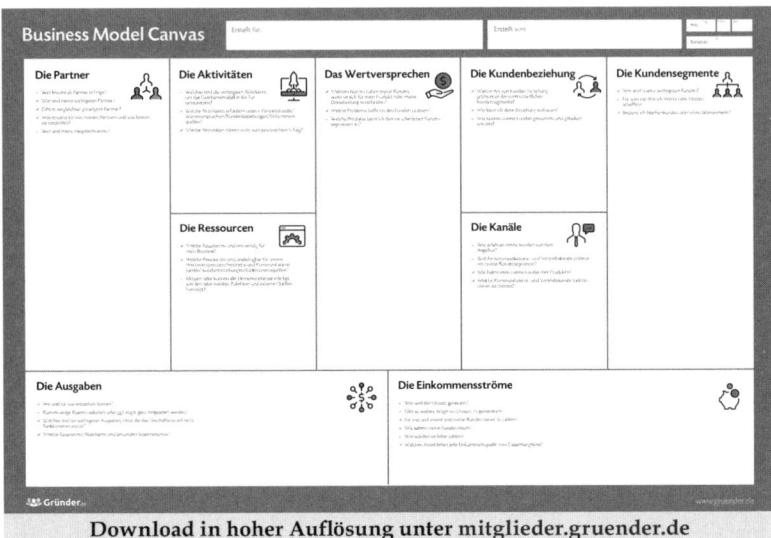

Download in hoher Auflösung unter mitglieder.gruender.de

Das Business Model Canvas besteht aus neun Feldern für die wichtigsten Schlüsselfaktoren deines Unternehmens. Zu jedem deiner Schlüsselfaktoren kannst du nun Ideen und Stichwörter notieren, welche mittels Post-it-Zettel in die jeweiligen Felder geklebt werden können. Die Klebezettel sind wichtig, da sie dir eine einfache Veränderung des Systems erlauben. Du kannst verschiedene Inhalte unterschiedlichen Schlüsselberei- chen zuordnen und somit effektiv verschiedene Geschäftsmodelle miteinander vergleichen.

Wie bei einem Baukasten kannst du die verschiedenen Ideen und Möglichkeiten zusammensetzen und die Inhalten jeweils zueinander in Beziehung bringen. Besonders gut dabei: Du kannst mit einem solchen Modell deine Geschäftsidee visualisieren und anderen Menschen verständlich machen. Diese können anhand des Business Model Canvas ebenfalls ihre Ideen einbringen, um somit dein Geschäftsmodell zu ergänzen oder zu erweitern. Am besten funktioniert das Business Model Canvas im Team, da so verschiedene Ideen einfließen können. Doch auch alleine kannst du mit diesem Modell schnell und effektiv an deinem Geschäftsmodell arbeiten und es passend zu deinem Unternehmen entwickeln.

Die 9 Schlüsselfaktoren beim Business Model Canvas

1. Die Kundensegmente

- Wer sind unsere wichtigsten Kunden?
- Für wen möchte ich Werte oder Nutzen schaffen?
- Bediene ich Nischenkunden oder einen Massenmarkt?

2. Das Wertversprechen

- Welchen Nutzen haben meine Kunden, wenn sie sich für mein Produkt oder meine Dienstleistung entscheiden?
- Welche Probleme helfe ich den Kunden zu lösen?
- Welche Produkte biete ich den verschiedenen Kundensegmenten an?

3. Die Kanäle

- Wie erfahren meine Kunden von dem Angebot?
- Welche Kommunikations- und Vertriebskanäle bevorzugen meine Kundensegmente?
- Wie bekommen meine Kunden ihre Produkte?
- Welche Kommunikations- und Vertriebskanäle funktionieren am besten?

4. Die Kundenbeziehung

- Welche Art von Kundenbeziehung erfordern die unterschiedlichen Kundensegmente?
- Wie kann ich diese Beziehung aufbauen?
- Wie können meine Kunden gewonnen und gehalten werden?

5. Die Einkommensströme

- Wie wird der Umsatz generiert?
- Gibt es weitere Wege um Umsatz zu generieren?
- Für was und wieviel sind meine Kunden bereit zu zahlen?
- Wie zahlen meine Kunden heute?

- Wie würden sie lieber zahlen?
- Welchen Anteil liefert jede Einkommensquelle zum Gesamtergebnis?

6. Die Ressourcen

- Welche Ressourcen sind notwendig für mein Business?
- Welche Ressourcen sind unabdingbar für unsere Werteversprechen/Vertriebs-und Kommunikationskanäle/Kundenbeziehungen/Einkommensquellen?
- Müssen oder können alle Elemente inhouse erledigt werden oder werden Zulieferer und externe Quellen benötigt?

7. Die Aktivitäten

- Welches sind die wichtigsten Aktivitäten, um das Geschäftsmodell in die Tat umzusetzen?
- Welche Aktivitäten erfordern unsere Vertriebskanäle/Werteversprechen/Kundenbeziehungen/Einkommensquellen?
- Welche Aktivitäten führen nicht zum gewünschten Erfolg?

8. Die Partner

- Wer kommt als Partner in Frage?
- Wer sind meine wichtigsten Partner?
- Gibt es vergleichbar günstigere Partner?
- Was erwarte ich von meinen Partnern und was leisten sie tatsächlich?
- Wer sind meine Hauptlieferanten?

9. Die Ausgaben

- Wo und für was entstehen Kosten?
- Können einige Kosten reduziert oder ggf. sogar ganz eingespart werden?
- Welches sind die wichtigsten Ausgaben, ohne die das Geschäftsmodell nicht funktionieren würde?
- Welche Ressourcen/Aktivitäten sind besonders kostenintensiv?

Detaillierte Ausarbeitung der einzelnen Schlüsselfaktoren des Business Model Canvas und Best-Practice- Unternehmen

Das Business Model Canvas ist eine hervorragende Methode, um auch als Neuling in der Gründerszene Fuß zu fassen und spielerisch und visuell eindrucksvoll dein Geschäftsmodell zu entwickeln. Hierzu bedarf es jedoch nicht nur trockener Theorie, sondern auch wichtiger Praxisbeispiele, damit du dir die einzelnen Punkte des Canvas-Modells vorstellen und diese visualisieren kannst. Im Folgenden wird dir jeder Schlüsselpunkt im Business Model Canvas genauer erklärt und anhand von Beispielen aus der Praxis untermauert. So kannst du genau erkennen, welche Unternehmen mit welchen Mitteln ihr Geschäftsmodell entwickelt oder verfeinert haben und welchen Nutzen du aus diesem Wissen ziehen kannst.

Der erste Schlüsselfaktor: Die Kundensegmente

Der erste Schlüsselfaktor im Business Model Canvas ist zugleich das Herzstück und die Grundlage für die erfolgreiche Entwicklung deines Geschäftsmodells. In diesem Baustein werden die verschiedenen Kundengruppen und Zielgruppen umfassend definiert, mit ihren Wünschen und Besonderheiten erfasst und anschließend gruppiert. Diese Gruppierung richtet sich nach den Bedürfnissen der Kunden, nach deren Verhaltensweisen oder anderen gemeinsamen Eigenschaften, welche von dir definiert werden müssen. Hierbei werden die Wünsche und Probleme der Kunden ebenso berücksichtigt wie deren Erwartungshaltungen an Produkte und Dienstleistungen aus dem eigenen Unternehmen.

Diese Gruppierung bzw. Segmentierung ist von besonderer Bedeutung, da unterschiedliche Kundengruppen über verschiedene Kanäle und in anderem Tonfall angesprochen werden wollen. Die Beziehungen der verschiedenen Kundengruppen zu deinem Unternehmen können somit enorm voneinander abweichen und müssen für den wirtschaftlichen Erfolg klar definiert werden. Es ist von zentraler Bedeutung für dein Unternehmen, die verschie-

---

denen Kundensegmente zu kennen und diese entsprechend der jeweiligen Ausrichtung korrekt zu bedienen. Aus diesem Grund sind die Kundensegmente die grundlegenden Schlüsselfaktoren für jedes erfolgreiche und zukunftsorientierte Geschäftsmodell. Grundsätzlich kann man vier verschiedene Szenarien unterscheiden:

1. Sehr ähnliche Kundengruppen, welche sich bezüglich ihrer Bedürfnisse oder Probleme unterscheiden. Diese Unterschiede können deutliche Auswirkungen auf die anderen Schlüsselfaktoren des Geschäftsmodells haben.

2. Stark diversifizierte Kundensegmente sind ebenfalls ein häufiger Faktor. Also Kundensegmente, welche sich sehr stark in ihren Merkmalen unterscheiden und vom Unternehmen in jedem Fall getrennt bedient werden müssen. Wenn ein Unternehmen mehrere solcher diversifizierten Kundengruppen bedient, spricht man auch von „Multi-Sided-Markets".

3. Die dritte Alternative betrifft die sogenannten Nischenmärkte. Hier ist es oftmals nicht sehr sinnvoll die Kundengruppen zu stark zu differenzieren, da die Zahl der potentiellen Kunden für das Geschäftssegment zu gering ausfällt. Die Segmentierung muss dementsprechend geschickt eingesetzt werden, um die Ansprache der meisten Kunden effektiv zu bewerkstelligen.

4. Unternehmen, welche ausschließlich auf den Massenmarkt ab- zielen und somit über ein sehr breitgefächertes Angebot an Waren und Dienstleistungen verfügen, müssen in der Regel keine Segmentierung vornehmen. Vertriebskanäle, Kontaktkanäle und Kundenbeziehungen werden auf eine einheitliche Kundengruppe abgestimmt und müssen somit eine möglichst hohe Kompatibilität aufweisen.

Beispiele aus der Praxis zur Kundensegmentierung

Sehr viele Unternehmen haben einen exzellenten Kundenbezug und sind in der Lage, ihre Kunden sehr gut und zielgerichtet zu analysieren und zu gruppieren. Das Technologieunternehmen Apple mit seinem breit gefächerten Angebot ist ein herausragendes Beispiel für eine sehr gute Kundensegmentierung vertreibt Computer, Tablets, Smartphones, Musik und Software an eine breit aufgestellte Kundengruppe. Angefangen bei professionellen Business-Kunden, welche vor allem die Computer und Notebooks zu schätzen wissen bis zu den Endkunden, welche Musik oder TV-Serien über iTunes beziehen. Mit Hilfe einer genauen Ansprache der jeweiligen Zielgruppe und einer passenden Preisgestaltung ist es dem Unternehmen gelungen, eine der erfolgreichsten Marken der Welt zu werden.

Am Beispiel von Apple zeigt sich auch, dass ein Unternehmen in der Lage sein muss, das eigene Geschäftsmodell kritisch zu hinterfragen und bei Bedarf zu verändern. Lange Zeit war Apple auf dem Markt kaum vertreten. Erst durch die Diversifizierung seines Angebots und die effektive Erschließung neuer Märkte und Zielgruppen, ist es dem Konzern gelungen, seinen kometenhaften Aufstieg zu bewerkstelligen.

Der zweite Schlüsselfaktor: Das Wertversprechen

Der Wert der Angebote für den Kunden beziehungsweise die Kundengruppe sind von entscheidender Bedeutung für den Unternehmenserfolg. Ihren Wert erhalten die Angebote für den Kunden entweder, weil diese ihm dabei helfen ein bestehendes Problem zu lösen oder weil die Bedürfnisse des Kunden durch die Angebote befriedigt werden. Unter diesem Baustein werden alle Angebote zusammengefasst, welche das Unternehmen seinen Kunden bieten kann.

Um dem Kunden die verschiedenen Werte vermitteln oder anbieten zu können, werden in manchen Fällen innovative Technologien und Neuentwicklungen benötigt. Andere Werte lassen sich zum Beispiel durch eine Verbesserung des Service oder der Warenqualität schaffen. Die sehr große Vielfalt der Werte und des Kundennutzens bieten somit eine hervorragende Möglichkeit, ein Alleinstellungsmerkmal für das eigene Unternehmen zu schaffen und zugleich die Konkurrenz zu deklassieren. Dabei unterscheidet man quantitative Wertversprechen (Preis, Service, Geschwindigkeit, Größe, Gewicht) von qualitativen Wertversprechen (Design, Kundenerfahrung, Markenbotschaft).

Verschiedene Arten von Wertversprechen

Bevor du mit deinem Business Model Canvas beginnst, solltest du dir zunächst die verschiedenen Wertversprechen genauer anschauen. Denn nicht alle können von jedem Unternehmen erbracht werden. Die Wertversprechen stehen automatisch in Beziehung zu der Kundensegmentierung, da verschiedene Kundensegmente deutlich unterschiedliche Wertversprechen schätzen oder verlangen.

Neuheit

Einige Wertversprechen schaffen es, neue Bedürfnisse beim Kunden zu wecken oder zu erfüllen. Als gutes Beispiel kann hier die Einführung des Smartphones genannt werden. Hier entstand praktisch aus dem Nichts ein neuer Markt, welcher weitreichende Bedürfnisse bei den Kunden wecken konnte.

Leistung

Um den Wert eines Angebotes für den Kunden zu steigern, kann eine verbesserte Leistung durch eine Weiterentwicklung bestehender Produkte oder durch eine Verbesserung der Service-Leistungen ausschlaggebend sein. Allerdings gibt es bei der Leistungsverbesserung häufig natürliche Grenzen. So tragen zum Beispiel viele Kunden eine ständige Veränderung bzw. Verbesserung von Produkten nicht mit und bleiben auf ihrem bisherigen Produktstand stehen.

Individualisierung

Die Individualisierung wird für viele Kunden immer wichtiger. Je näher die Produkte an die individuellen Wünsche der Kunden angepasst werden können, umso höher kann ihr Wert für den Kunden steigen. Vor allem in der Mode- und Bekleidungsindustrie ist dieser Trend sehr stark spürbar.

Wert durch Hilfe

Eine Wertsteigerung kann auch dann erfolgen, wenn ein Unternehmen nicht nur Produkte produziert, sondern dem Kunden zugleich auch Arbeit in einem bestimmten Bereich abnimmt. Ein Beispiel sind Wartungsverträge. Der Kunde erwirbt ein neues Produkt und schließt zugleich einen Vertrag ab, damit sich das Unternehmen um die Wartung und den einwandfreien Zustand des Produktes kümmert.

Design

Das Design kann einen enormen Vorteil im Bereich der Wertschöpfung ausmachen, wenn den Kunden bzw. Kundensegmente nicht nur für die Funktionalität, sondern auch das Design wichtig ist und sie davon einen Teil der Kaufentscheidung abhängig machen. Mode, Schmuck und in großen Teilen auch Technik-Produkte leben von der klaren Design-Orientierung der Kunden.

Marke / Unternehmensbranding

Auch die eigentliche Marke kann eine Wertschöpfung für den Kunden beinhalten. Eine Uhr von Cartier kann beispielsweise für den Kunden einen besonderen materiellen und immateriellen Wert haben, welcher mit dem Namen des Unternehmens verknüpft ist.

Der Preis

In Kundensegmenten, in denen der Preis entscheidend ist, kann es besonders von Vorteil sein, wenn du dein Produkt günstiger als die Konkurrenz anbietest. Du schaffst somit nicht nur Kaufanreize, sondern auch ein Wertversprechen, welches die Kunden von dir und deinem Unternehmen erwarten.

Kostenreduktion

Produkte, welche den Kunden helfen verschiedene Kosten einzusparen sind äußerst beliebt und stellen ein gutes und sicheres Wertversprechen dar.

Risikoreduktion

Ein Unternehmen kann — beispielsweise durch eine freiwillige Garantieverlängerung — das Risiko für den Kunden bei verschiedenen Produkten und Dienstleistungen deutlich senken. Dies ist für die Kunden ein wichtiger Wert, welcher dementsprechend honoriert wird.

Zugänglichkeit

Ein sehr hohes und wichtiges Wertversprechen ist die Zugänglichkeit und Benutzerfreundlichkeit. Je einfacher die Kunden auf die Produkte zugreifen können und je einfacher und unkomplizierter die Bedienung der entsprechenden Elemente, umso effektiver steigt der Wert für den Kunden.

Beispiele aus der Praxis der Wertversprechen

Viele der oben genannten Elemente hast du selber bereits bemerkt und wahrscheinlich in deine Überlegungen mit einfließen lassen. Dennoch gibt es einige Unternehmen auf dem Markt, welche in dieser Hinsicht extrem erfolgreich waren und bei welchen die Wertversprechen im Kern zum Erfolg des Unternehmens geführt haben.

Ein sehr gutes und äußerst prominentes Beispiel ist der Versandhändler Amazon. Zu Beginn hat sich das Unternehmen klar auf die Buchsparte konzentriert und konnte dort durch den Preis, die Verfügbarkeit und die Kostenreduktion wegen fehlender Versandgebühren überzeugen. Die sehr einfache Zugänglichkeit, die Risikoreduktion durch das gute Rückläufer-Management und die sehr guten Service-Leistungen bei Amazon konnten bereits zu Beginn überzeugen. Auf Basis dieser Wertversprechen wuchs das Unternehmen und bot seinen Kunden immer weitere Neuheiten an. Neben dem mittlerweile extrem großen Warenangebot wurde mit Audible und der Amazon Prime-Sparte das Angebot durch Neuerungen und Neuheiten erweitert, welche die Kundenbedürfnisse in vielen Teilen extrem stark ansprechen und widerspiegeln.

Du siehst also, wie wichtig die Wertversprechen für dein Geschäftsmodell und deinen wirtschaftlichen Erfolg sind.

Der dritte Schlüsselfaktor: Die Kanäle

Die Kundenkanäle sind ein wichtiges Element bei der Bestimmung der Unternehmensausrichtung und müssen für das passende Geschäftsmodell umfassend bedacht werden. Bei diesem Baustein werden alle Kanäle gesammelt, über welche das Unternehmen mit seinen Kunden kommuniziert. Dabei haben die unterschiedlichen Kanäle verschiedene Funktionen:

- Sie müssen die Aufmerksamkeit der Kunden für die Produkte und Angebote des Unternehmens wecken.
- Sie müssen den Kunden helfen, die Wertversprechen des

Unternehmens zu evaluieren.

- Sie müssen dem Kunden erlauben, Produkte und Dienstleistungen des Unternehmens zu erwerben.
- Sie müssen Waren und Dienstleistungen an den Kunden ausliefern.
- Sie müssen dem Kunden nach dem Kauf einen gut aufgestellten Kunden-Support bieten.

Bestehende Unternehmen können hierbei auf enorme Vorteile zurückgreifen, da sie die eigenen Leistungsdaten zur Bewertung und Verfeinerung der verschiedenen Kanäle einsetzen können. Welcher Vertriebskanal besonders gut von den Kunden angenommen wird und welche Marketing-Kanäle ein hohes Erfolgspotential bieten, lässt sich anhand von Fakten einfach belegen. Du als angehender Gründer hingegen musst dich vor allem in deine Kundensegmente hineinversetzen und versuchen, die optimalen Kanäle zu finden. Keine Angst, denn ein Geschäftsmodell ist in der Regel eine Momentaufnahme und nicht dauerhaft in Stein gemeißelt. Wenn du feststellst, dass du in deinem Geschäftsmodell auf die falschen Kanäle gesetzt hast, kannst du dies im Nachgang noch ändern.

Grundsätzlich ist zwischen eigenen Kanälen und Partner-Kanälen zu unterscheiden. Während bei den eigenen Kanälen die Profitorientierung klar im Mittelpunkt steht und die Margen am größten sind, sieht dies bei Partnerkanälen ganz anders aus. Hier musst du damit rechnen, dass ein Teil der Margen vom Partner einbehalten wird, um seine Teilnahme an den Kanälen abzusichern. Allerdings kannst du durch solche Deals deine Reichweite signifikant erhöhen, vor allem dann, wenn ein gut passendes Kundensegment über die Partnerkanäle angesprochen werden kann. Du solltest außerdem bedenken, dass eigene Kanäle nicht nur höhere Anschaffungskosten haben, sondern nicht nur etabliert, sondern auch gewartet werden müssen. Im Idealfall musst du für dein Geschäftsmodell einen guten Mix aus beiden Lösungen suchen, welcher sowohl dir als auch deinen Kunden optimierte Lösungen bietet. Dabei solltest du sowohl die Wertversprechen als auch die effektiven Einnahmen des Unternehmens in deine Überlegungen mit einbeziehen.

Beispiele aus der Praxis zu den Kanälen

Wir bleiben bei unserem Beispiel-Unternehmen Amazon. Betrachte einmal die verschiedenen Kanäle aus der obigen Auflistung. Das Unternehmen hat es geschafft, von einem einfachen Buchhändler zu einem der größten Versandhändler der Welt zu werden und dabei die unterschiedlichsten Kanäle effektiv zu bedienen. Dabei bietet Amazon vor allem durch sein Affiliate Marketing eine geschickte Nutzung von „Partner-Kanälen", welche die Verkaufszahlen des Handelsriesen noch weiter in die Höhe treiben. Die klare Fokussierung auf die gegebenen Wertversprechen und die ebenfalls klare Fokussierung auf die Einnahmen des Unternehmens sorgen für einen sehr hohen Erfolg bei den Kunden. Wenn du dein Geschäftsmodell ebenso erfolgreich aufbauen möchtest, solltest du versuchen, deine Kanäle von Anfang an sowohl für den Kunden als auch für die wirtschaftlichen Unternehmensergebnisse zu optimieren. Allerdings sollte hierbei der Fokus stärker auf den Kunden und den Wertversprechen liegen, da zunächst die Kundenzufriedenheit einen erheblichen Einfluss auf das operative Geschäft nehmen wird.

Der vierte Schlüsselfaktor: Die Kundenbeziehung

Die Kundenbeziehung ist für die meisten Unternehmen ein äußerst wichtiger Baustein und sollte dementsprechend mit Bedacht bearbeitet werden. Hierunter fallen alle direkten Kundenbeziehungen zu den unterschiedlichen Kundensegmenten, welche vom Unternehmen angeboten werden. Dabei werden die Kundenbeziehungen in der Regel von mindestens einer dieser drei Möglichkeiten motiviert:

- Kundengewinnung
- Bestandskundenerhaltung
- Verbesserung der Verkaufszahlen oder Upselling

Diese Motivationen können sich auch — je nach Geschäftsmodell — mit der Zeit weiterentwickeln und verändern. Ein gutes Beispiel ist hier der Markt für Smartphones und Handys. Zunächst waren die Unternehmen klar auf die Kundengewinnung ausgerichtet und haben versucht im hart umkämpften Markt die Kunden an sich zu binden. Nachdem eine Sättigung des Marktes eintrat, wurde vor allem die Bestandskundenerhaltung für die meisten Unternehmen zum zentralen Baustein der Kunden- beziehung. Auf Basis der gefestigten Kundenbeziehung konnten anschließend verschiedene Upsells angeboten und verkauft werden.

Unternehmen müssen sich über ihre Ziele und Motivationen stets im Klaren sein, wenn die Kundenbeziehungen geprüft und bewertet werden sollen. Dabei solltest du in jedem Fall verschiedene Kennzahlen in Betracht ziehen: Die Kosten für die Kundengewinnung, die Effektivität verschiedener Marketing-Maßnahmen und die durchschnittlichen Einnahmen pro Kunde. Da sich diese Werte erst im Laufe der Zeit entwickeln und erst nach der Gründung relevant werden, müssen diese nicht ins Geschäftsmodell einfließen. Allerdings solltest du den Aufbau und die regelmäßige Überprüfung der Werte im Geschäftsmodell bedenken, um jederzeit die Effektivität deiner Kundenbeziehungen prüfen und anpassen zu können.

Es gibt verschiedene Formen der Kundenbeziehungen, welche je nach Unternehmen und Kundensegment eine unterschiedliche Gewichtung einnehmen können. Je besser die Art der Kundenbeziehung an die Wünsche der Kundensegmente angepasst ist, umso effektiver kann die Kundenbeziehung aufgebaut werden.

Menschliche Gesprächspartner

Viele Kunden bevorzugen noch immer die direkte Kommunikation mit einem menschlichen Gesprächspartner. Die Berührungspunkte und Aktivitäten der Gesprächspartner können dabei durchaus variieren. Vom Verkaufspunkt aus kann die Kommunikation über Call Center, E-Mails oder soziale Medien erfolgen. Wichtig ist nur, dass dem Kunden vermittelt wird, dass kein Computer, sondern ein echter Mensch seine Anfragen beantwortet.

Zugewiesene Gesprächspartner

Im hochpreisigen Segment und im B2B-Bereich kann es angebracht sein, wenn einzelne Kundenberater nur ausgewählte Kunden betreuen. So kann über einen langen Zeitraum ein Vertrauen aufbauen werden, welches die Verkaufsprozesse nachhaltig beeinflusst. Wenn du ein Geschäftsmodell für ein solches Unternehmenssegment erstellen möchtest, solltest du den persönlichen menschlichen Kontakt nicht aus den Augen verlieren

Selbstbedienung

Auch die Selbstbedienung ist eine Form der Kundenbeziehung. Dem Kunden werden keine menschlichen Hilfen an die Hand gegeben, dafür ist der gesamte Prozess darauf ausgerichtet, dass der Kunde seine Einkäufe ohne fremde Interaktion problemlos bewältigen kann.

Automatisierte Servicedienstleistungen

Wie bei der Selbstbedienung kann der Kunde hier alleine und frei interagieren. Unterstützt wird er allerdings von mehreren automatisierten Systemen, welche den komplexen Teil der Arbeiten übernehmen. Das Online-Banking ist ein sehr gutes Beispiel für diese Art von automatisierter Servicedienstleistung.

Der Kunde als Erschaffer

Die traditionelle Beziehung zwischen Unternehmen und Kunde ist bei weitem durchlässiger geworden. Einige Unternehmen wie Amazon oder auch YouTube setzen aus diesem Grund auf Inhalte, welche von Kunden des Unternehmens geschaffen werden. Sei es als YouTube-Video oder als Produkt-Rezension. Diese Form der Kundenbeziehung bindet den Kunden in die Wertschöpfungskette mit ein und macht diesen somit zu einem effektiven Teil der Marketing-Strategie.

Beispiele aus der Praxis zur Kundenbeziehung

Hier gibt es einige gute Beispiele auf dem Markt, welche zeigen, wie effektiv manche Unternehmen die Kundenbeziehung einsetzen, um die eigenen Produkte und Dienstleistungen zu verbessern und somit den Kunden neue und bessere Kaufanreize zu bieten. Fiat ist ein bekanntes Beispiel. Der Automobilhersteller sammelt bereits seit Jahren die Erfahrungen und Wünsche seiner Kunden in zentralen Datenbanken, um Design und Funktionalität der verschiedenen Fahrzeuge zu verbessern und dem Kundenwunsch immer näher zu kommen. Dies hat zu einer deutlichen Verbesserung der Absatzzahlen beigetragen. Bei vielen kleinen und eher persönlich geführten Geschäften oder Unternehmen war häufig das Gegenteil der Fall. Durch die Verlagerung der

Verkäufe ins Internet, beispielsweise um Kosten zu sparen, haben viele der Unternehmen ihre Kundenbeziehungen geschwächt und sich somit deutlich schlechter positioniert.

Wenn du ein gutes und tragfähiges Geschäftsmodell aufbauen möchtest, solltest du dir in jedem Fall Gedanken machen, wie du die Kundenbeziehung gestalten musst, um die Wertversprechen mit den Kundensegmenten in Einklang zu bringen und somit deine Einnahmen beständig zu verbessern. Durch die Kundenbeziehungen im Geschäftsmodell steuerst du effektiv die Leistungsfähigkeit des Unternehmens, da hier jede Aktivität oftmals eine spürbare Reaktion der Kunden nach sich ziehen kann.

Der fünfte Schlüsselfaktor: Die Einkommensströme

In jedem modernen Geschäftsmodell müssen die Einkommensströme überwacht und gesteuert werden. Dabei zählen zunächst vor allem die reinen Einnahmen und nicht der Gewinn, welcher sich aus dem Gewinn minus der angefallenen Kosten ergibt. Die Einkommensströme sollten bei einem gut aufgebauten Geschäftsmodell nach Kundensegment und Produktsegment unterteilt werden, um eine übersichtliche und effektive Steuerung zu ermöglichen.

Ein erfolgreiches Geschäftsmodell generiert über zwei verschiedene Prozesse Einkommensströme. Zum einen über einfache Kunden-Zahlungen, welche für ein bestimmtes Produkt oder eine Dienstleistung gezahlt werden. Zum anderen über wiederkehrende Zahlungen, welche entweder durch die Auslieferung eines bestimmten Wertversprechens oder durch einen bestimmten Service am Kunden generiert werden. Dabei wirst du als Unternehmer immer wieder zu verschiedenen Fragen gezwungen, um die Einkommensströme in deinem Unternehmen möglichst gut zu optimieren.

Einkommensströme können in einem erfolgreichen Unternehmen auf verschiedene Weisen generiert werden.

Der Verkauf von Vermögenswerten

Der Kunde erwirbt ein spezielles und vom Unternehmen vertriebenes Produkt, welches somit direkt in seinen Besitz übergeht. So wie Amazon Bücher und Opel Autos vertreibt, kannst du in deinem Unternehmen Produkte verkaufen und bekommst vom Kunden einen Gegenwert für das Produkt und die Übertragung der Besitzrechte.

Abonnement-Modelle

Eine weitere Möglichkeit, um optimierte Einkommensströme zu erzeugen, ist der Abschluss von Abonnements. Durch einen kontinuierlichen oder sich wiederholenden Vorgang kann der Kunde auf einen bestimmten Service oder bestimmte Leistungen zugreifen. Die Mitgliedschaft im Fitness- studio ist ein sehr gutes Beispiel. Hier zahlt der Kunde für den Zugang zum Studio, für die Bereitstellung der verschiedenen Ge- räte, für deren Wartung und die Trainer im Studio.

Nutzungsabhängige Zahlungsmodelle

Hier zahlt der Kunde für die in Anspruch genommenen Leistungen. Ein Beispiel wären Telefongesellschaften, welche vom Kunden für Telefonate, das Versenden von Nachrichten oder die Nutzung des mobilen Internets bestimmte Kosten in Rechnung stellen. Auch im Hotel- und Gastgewerbe sind diese Einkommensströme eine effektive Lösung.

Vermietung oder Leasing

Der Kunde zahlt eine bestimmte Summe, um ein Produkt über einen festgelegten Zeitraum und zu klar definierten Konditionen nutzen zu können. Dieses Modell ist beispielsweise beim Auto-Leasing, aber auch beim Vermieten von Ferienwohnungen beliebt, um Einkommensströme zu erzeugen. Da diese oftmals anhand des Gesamtwertes des Produkts berechnet werden, kann die Preisgestaltung hier durchaus deutliche Zugewinne ermöglichen.

Lizenzierung

Die Lizenzierung ist ein schwieriges Pflaster bei einem tragfähigen Geschäftsmodell, kann aber durchaus lukrative Einkommensströme erzeugen. Ein bestimmtes Produkt wird lizenziert und diese Lizenzen an Dritte verkauft. Eine Methode, welche oftmals von Patent-Entwicklern genutzt wird, um aus den eigenen Patenten einen hohen Gewinn zu realisieren.

Vermittlungsgebühren

Wenn du in deinem Geschäftsmodell Geschäftsabschlüsse zwischen zwei Parteien anbietest, diese organisierst und strukturierst, so kannst du für diese Leistungen Vermittlungsgebühren verlangen. So arbeitet beispielsweise ein Unternehmen wie PayPal, welches für jede getätigte Zahlung über den Zahlungsdienstleister eine Vermittlungsgebühr erhebt.

Werbung

Auch Werbung kann Einkommensströme realisieren. Wenn du beispielsweise auf deiner Webseite Werbung schalten lässt, welche Produkte anderer Anbieter bewirbt, kannst du für den Werbeplatz die entsprechenden Gebühren kassieren. Die Einkommensströme durch Werbung sind jedoch erst ab einer gewissen Unternehmensgröße von entscheidender Bedeutung.

Preisgestaltung

Die Steuerung der Einkommensströme erfolgt über die Preisgestaltung. Diese kann sowohl fixiert als auch flexibel gestaltet werden. Die Höhe der Preise kannst du von verschiedenen Variablen abhängig machen. Dazu zählen unter anderem die Produktionskosten, die Preise, welche die Kunden maximal bereit sind zu zahlen, oder weitere flexible Marktfaktoren. Für ein gutes Geschäftsmodell solltest du die Preisgestaltung in jedem Fall erklären können und errechnen, ob dein Konzept mit dieser Preisgestaltung tragfähig ist.

Beispiele aus der Praxis zu den Einkommensströmen

Unternehmen gehen unterschiedlich mit ihren Einkommensströmen um. Gerade am Anfang ist es sinnvoll, die Einnahmen wieder in das Geschäft zu reinvestieren, um die eigene Positionierung zu sichern und die Marktmacht zu optimieren.

Auch hier geht Amazon mit einem guten Beispiel voran indem das Unternehmen die Einkommensströme, welche durch den Buchverkauf erzielt wurden, direkt wieder in das Unternehmen und in neue Produktgruppen und Erweiterungen der Kundensegmente investiert hat.

Ähnlich arbeitete Intel. Das Unternehmen hat Milliarden investiert, um das eigene Logo in den Köpfen der Computer-Käufer zu

---

verankern und zu einem Synonym für Qualität zu werden. Dies hat sich rentiert, wie die Verkaufszahlen der Intel-Prozessoren bereits seit vielen Jahren beweisen.

Wenn du dir bei deinem Geschäftsmodell über die Einkommensströme Gedanken machst, so solltest du nicht nur die verschiedenen Verdienstmöglichkeiten bedenken, sondern vor allem auch überlegen, wie du mit den zu erwartenden Einkommensströmen umgehen möchtest. Denn ein gutes Geschäftsmodell setzt vor allem in den ersten Jahren auf verstärkte Reinvestitionen und sichert somit langfristig den Erfolg deines Unternehmens. Dies ist mit einem unternehmerischen Risiko verbunden, doch bei einem gut strukturierten Geschäftsmodell erkennst du in der Regel sehr schnell, in welchen Bereichen sich Investitionen und Verbesserungen am meisten lohnen und wo du den höchsten Gewinn für dein Unternehmen zu erwarten hast.

Der sechste Schlüsselfaktor: Die Ressourcen

Unter dem Baustein der Ressourcen werden alle Vermögenswerte und Produktionsressourcen aufgeführt, welche für den Betrieb des Unternehmens notwendig sind oder als notwendig erachtet werden. Die Ressourcen bilden die Basis bei jedem Geschäftsmodell, da nur durch diese die Wertversprechen und die Einkommensströme realisiert werden können.

Die Ressourcen können dabei sowohl physikalisch als auch finanziell sein, können intellektuelles Knowhow umfassen oder bestimmte Personen, welche für das Geschäftsmodell und den Unternehmenserfolg von entscheidender Bedeutung sind. Diese Schlüssel-Ressourcen sind entweder direkt im Besitz des Unternehmens, können gemietet werden oder müssen gegebenenfalls von strategischen Partnern zur Verfügung gestellt werden.

Die Ressourcen können in folgende Kategorien eingeteilt werden:

Physikalische Ressourcen

Physikalische Vermögenswerte können sehr breit gestreut sein. Unter diese Kategorie fallen unter anderem Produktionsstätten und Fabriken, Gebäude, Fahrzeuge, Produktionsmaschinen und Produktionssysteme. Ladenlokale und Verkaufsräumlichkeiten sowie weitere Vertriebsnetzwerke gehören ebenfalls zu den physikalischen Ressourcen eines Unternehmens. Werden diese für die Produktion oder den Erfolg benötigt, müssen sie zwingend von dir im Geschäftsmodell eingeplant werden.

Intellektuelle Ressourcen

Auch die intellektuellen Ressourcen können sehr vielfältig ausfallen und als Basis für den Unternehmenserfolg dienen. Unter diesem Komplex finden sich beispielsweise Marken, urheberrechtlich geschütztes Wissen, Patente und Urheberrechte sowie Partnerschaften und Kunden-Datenbanken. All diese Elemente tragen zu einem belastbaren Geschäftsmodell bei und müssen bei der Planung in jedem Fall berücksichtigt werden. Für viele Unternehmen sind die intellektuellen Ressourcen von grundlegender Bedeutung für das Geschäftsmodell. Beispielsweise ist Microsoft abhängig vom urheberrechtlich geschütztem Wissen, welches immer weiter verfeinert und verbessert wird. Der Sportartikelhersteller Nike hingegen ist auf seine Marke angewiesen und hat in diese viel Geld investiert.

Menschliche Ressourcen

Praktisch jedes Unternehmen benötigt menschliche Ressourcen. Besonders in kreativen Bereichen oder Unternehmen mit starkem Wissensvorsprung können diese menschlichen Ressourcen eine sehr hohe Bedeutung annehmen. Je stärker der Unternehmenserfolg von den Fähigkeiten der menschlichen Ressourcen abhängig ist, umso stärker solltest du diese in deinem Geschäftsmodell einbinden.

Finanzielle Ressourcen

Es gibt einige Geschäftsmodelle, welche stark auf finanziellen Ressourcen basieren. Diese müssen nicht immer direkt und in bar vorhanden sein, sondern können auch als eingeräumte Kreditlinien von Banken oder durch Bürgschaften eingebracht werden. Durch den Einsatz der finanziellen Ressourcen kann ein Unternehmen beispielsweise die benötigten intellektuellen Ressourcen finanzieren oder sich in neuen Märkten etablieren und somit frei von Konkurrenz arbeiten. Gerade als Gründer sind finanzielle Ressourcen oftmals schwierig zu realisieren. Geschäftsmodell und Businessplan müssen sehr gut sein, damit solche Ressourcen von den zuständigen Entscheidern freigegeben werden.

Beispiele aus der Praxis zu den Ressourcen

Google ist ein sehr gutes Beispiel für den geschickten Einsatz von Ressourcen in einem Geschäftsmodell. Das Unternehmen wertet die Kundendaten, welche durch die Suchmaschinen- und die Analyticsnutzung entstehen, aus und kann dadurch den eigenen Werbe-Service besser und effektiver gestalten. Somit nutzt das Unternehmen seine vorhandenen intellektuellen Ressourcen, um das Wertversprechen seiner Kunden einzulösen und zugleich sichere und dauerhafte Einkommensströme zu generieren.

Im Gegensatz dazu hat der Instant-Message-Dienst Skype über einen sehr langen Zeitraum von freien Ressourcen profitiert und intellektuelle sowie menschliche Ressourcen eingesetzt, um sich als Alternative zum Telefonmarkt zu etablieren und seinen eigenen Service bekannter zu machen. Hierfür waren sichere finanzielle Ressourcen wichtig. Erst im Nachgang etablierte Skype sich mit seinem Geschäftsmodell und generierte ausreichende Einkommensströme.

Du siehst, wie wichtig die verschiedenen Ressourcen für dein Geschäftsmodell und dein Unternehmen sind. Da die Ressourcen immer mit dem Bereich der laufenden Kosten und der Ausgaben verbunden sind, kannst du im Business Model Canvas die verschiedenen Optionen für dein Unternehmen durchspielen und vergleichen. Erfasse zunächst alle Ressourcen, welche du für deine Produktion oder deine Leistungen benötigst. In welchem Maße diese Ressourcen Eingang in deinen späteren Businessplan finden, hängt von deinem Geschäftsmodell ab. Plane Ressourcen für den Anfang besser knapp und gut kalkuliert, als zu groß dimensioniert. Achte dabei darauf, dass du die Ressourcen bei Bedarf erweitern oder vergrößern kannst, wenn dein Unternehmen wächst. Denn begrenzte Ressourcen können das einsetzende natürliche Wachstum eines Unternehmens nachhaltig beeinträchtigen.

Der siebte Schlüsselfaktor: Die Aktivitäten

Unter den Aktivitäten werden beim Business Modell Canvas alle Aktionen aufgelistet, welche ein Unternehmen durchführen

---

muss, damit das Geschäftsmodell funktioniert und im Endeffekt von Erfolg gekrönt ist. Jedes Geschäftsmodell benötigt solche Schlüssel-Aktivitäten. Welche Aktivitäten das sind, hängt in sehr großem Maße von der Branche und den Unternehmenszielen im Geschäftsmodell ab. Während sich eine Beraterfirma beispielsweise auf das Lösen von Problemen spezialisiert hat, müssen sich viele produzierende Unternehmen bei ihren Aktivitäten auf die Produktion und vor allem auf die Optimierung der Lieferkette konzentrieren. In folgenden Branchen und Einsatzbereichen sind die Aktivitäten der Schlüssel zum Erfolg:

Produktionsunternehmen

Im produzierenden Gewerbe kommt den Produktionsaktivitäten eine hohe Bedeutung zu. Dabei können unter diesen Oberbegriff eine ganze Reihe von Tätigkeiten fallen, angefangen beim Design über die Fertigung bis zur abschließenden Qualitätskontrolle. All diese Aktivitäten müssen im Geschäftsmodell erfasst werden, da nicht alle Aktivitäten vom Unternehmen selber übernommen werden müssen. Durch die Auslagerung verschiedener Bereiche lassen sich möglicherweise verschiedene Wertversprechen leichter einlösen oder die Ausgaben des Unternehmens senken. Nehmen wir ein praktisches Beispiel. Laut Geschäftsmodell möchte ein Unternehmen Schmuck anfertigen und diesen günstiger und besser als die Konkurrenz verkaufen können. Design, Produktion und Qualitätskontrolle wären jetzt hier die Schlüssel-Aktivitäten. Es kann jedoch für das Unternehmen deutlich günstiger sein, die Produktion an einen Partner auszulagern und sich somit bei den Ressourcen zu entlasten. Nur Design und Qualitätskontrolle würden in den Händen des Unternehmens verbleiben und müssten als Aktivitäten im Geschäftsmodell aufgeführt werden.

Problemlösungen

Unternehmen, welche Probleme lösen, sind bereits vom Geschäftsmodell her von ihren Aktivitäten abhängig. Hierzu zählen zum Beispiel Beratungsgesellschaften und Unternehmen, welche im Bereich der Pflege oder dem allgemeinen Gesundheitswesen tätig sind. Wissensmanagement, Training und Ausbildung des Personals gehören hier zu den wichtigen Kern-Aktivitäten dieser Unternehmen.

Plattform-Angebote

Viele Unternehmen bieten für verschiedene Dienstleistungen eine eigene Plattform an. Ihre Kern-Aktivität besteht oftmals in der Entwicklung, Pflege und Wartung dieser Plattform. Der weltweit größte Online-Marktplatz, das US-amerikanische Unternehmen Ebay ist hier ein gutes Beispiel, da das gesamte Geschäftsmodell des Unternehmens von der Qualität und Leistungsfähigkeit der Plattform abhängig ist. Dementsprechend muss das Unternehmen seine Energie in die Wartung, Weiterentwicklung und natürlich in die Werbung für diese Plattform investieren.

Beispiele aus der Praxis zu den Aktivitäten

Die meisten Unternehmen haben es geschafft sich auf einen bestimmten Bereich zu spezialisieren und dort die notwendigen Aktivitäten zu bündeln. Ein Beispiel hierfür ist der internationale Software- und Hardwarehersteller Microsoft. Das Unternehmen fokussiert seine Aktivitäten in die Entwicklung und Verbesserung von Software und hat dort sein Kerngeschäft. Alle weiteren Aktivitäten werden durch das Kerngeschäft finanziert und getragen. Ähnlich sieht es beispielsweise bei einer der größten internationalen Gesellschaften für Kredit-, Debit- und Guthabenkarten VISA aus. Hier fokussiert sich das Unternehmen klar auf die eigene Plattform, welche eine Verbindung zwischen Handel und Banken schafft und welche mit großem Aufwand betrieben, abgesichert und gewartet werden muss.

Wenn du dein Geschäftsmodell entwickelst und dabei die Aktivitäten planst, solltest du nach einem bestimmten Muster vorgehen. Notiere alle noch so kleinen Aktivitäten, welche für dein Geschäftsmodell notwendig sind. Versuche danach diese Elemente des Mikro-Managements zusammenzufassen und zu gruppieren. Somit erhältst du Schlüssel-Aktivitäten, welche alle relevanten Tätigkeiten für dein Geschäftsmodell enthalten.

Der achte Schlüsselfaktor: Die Partner

Unter dem Oberbegriff der Partner werden bei einem Unternehmen die Netzwerke aus Zulieferern und Partnerschaften beschrieben, welche benötigt werden, um ein Geschäftsmodell umzusetzen. Unternehmen bilden zum Beispiel Partnerschaften, um ihr Geschäftsmodell zu festigen, Risiken zu reduzieren oder weitere Ressourcen an sich zu binden. Insgesamt haben sich vier verschiedene Typen an Partnerschaften etabliert:

- Strategische Partnerschaften zwischen nicht konkurrierenden Unternehmen
- Strategische Partnerschaften zwischen konkurrierenden Unternehmen
- Gemeinschaftsunternehmen zur Erschließung neuer Märkte
- Käufer-Zulieferer-Beziehungen für die eigene Produktion bzw. Vermarktung

Bei den Partnerschaften spielen die Motivationen eine entscheidende Rolle. Diese solltest du in jedem Fall bedenken, wenn du dir über notwendige oder mögliche Partner für dein Geschäftsmodell Gedanken machst.

Die Optimierung und die Ökonomie in skalierbaren Größen

Ziel für jedes Unternehmen ist eine optimale Kosten-Nutzen-Rechnung. Wenn ein Unternehmen bestimmte Ressourcen benötigt, diese aber nicht selber besitzt oder herstellen kann, ist ein passender Partner von entscheidender Bedeutung. Dieser muss ausreichende Kapazitäten besitzen, um die benötigten Ressourcen auch bei steigender Anforderung liefern zu können. Bei der Suche nach einem solchen strategischen Partner solltest du immer die Kosten im Auge behalten. Die Balance zwischen Qualität und Kosten ist für ein Unternehmen von entscheidender Bedeutung. Nicht immer ist der günstigste Partner optimal, beispielsweise dann nicht, wenn bei gesteigerter Nachfrage die Preise durch die hohen Abnahmemengen reduziert werden können.

Die Reduzierung von Risiken und Unsicherheiten

Geschickt gewählte Partnerschaften können Risiken in unsicheren und neuen Geschäftsfeldern deutlich reduzieren. Viele Unternehmen gehen in einigen Märkten strategische Partnerschaften mit konkurrierenden Unternehmen ein, obwohl diese in anderen Märkten zu den stärksten Konkurrenten gehören. Ein gutes Beispiel war das Blu-Ray-Format beziehungsweise die dahintersteckende Technologie. Dieses wurde von einer starken strategischen Partnerschaft mehrerer Unternehmen am Markt etabliert. Nachdem sich die Technologie als neuer Standard etablieren konnte, konkurrierten die Unternehmen untereinander im Verkauf eigener Blu-Ray-Produkte, ohne dass dies bei der vorherigen Partnerschaft ein Problem gewesen wäre.

Der Einkauf spezieller Ressourcen oder Kenntnisse

Viele Unternehmen erweitern ihre eigenen Möglichkeiten, indem spezielle Technologien oder auch Aktivitäten von anderen Unternehmen eingekauft werden. Diese Ressourcen können sowohl spezialisiertes Wissen, Lizenzierungen oder auch Zugänge zu neuen Kundengruppen umfassen. Ein gutes Beispiel ist der Mobilfunk-Markt. Viele Hersteller von hochwertigen Smartphones stecken ihre Energie und Aktivitäten fast vollständig in den Bereich der Fertigung. Die benötigte Software, wie zum Beispiel das Betriebssystem, wird per Lizenzierung eingekauft.

Beispiele aus der Praxis zu Partnerschaften

Der Konzern REWE ist in sehr viele Partnerschaften eingebunden, welche als Zulieferer für einen kontinuierlichen Zustrom an Waren sorgen. Diese Partnerschaften sichern den Erfolg des Unternehmens und die Versorgung der Kunden mit den benötigten Waren. Das Wertversprechen des Unternehmens kann nur durch effektive Partnerschaften erfüllt werden. Ähnlich verhält es sich mit der Verkaufsplattform Ebay. Ebay ist mit mehr als 60 unterschiedlichen Webseiten strategische Partnerschaften eingegangen und hat sich damit Wissen, Technologie und vor allem neue Kundensegmente erkauft. Auch die strategische Partnerschaft mit dem Zahlungsdienstleister PayPal hat das Angebot von Ebay spürbar erweitert und neuen Kunden den Zugang zum Markt ermöglicht.

Wenn du für dein Geschäftsmodell nach strategischen Partnern suchst, so musst du viel bedenken. Unternehmen können ganz unterschiedlich von einer Partnerschaft überzeugt werden. In vielen Fällen ist Geld der entscheidende Faktor, wenn du beispielsweise einen Zulieferer für bestimmte Waren oder Ressourcen benötigst. Andere Unternehmen können bei einer Partnerschaft von deinem Knowhow oder deinen Produkten profitieren. Wähle verlässliche Partner aus, um dein Geschäftsmodell abzusichern und die Risiken für dein Unternehmen zu minimieren.

Der neunte Schlüsselfaktor: Die Ausgaben

xxxxxxxxxxxxxxxxxxxxxxxxxxxxxxxxxxxxxxxxxxxxxxxxxxxxxxxxxxxxxxxxxxx

Bei diesem Baustein werden alle Kosten gesammelt, welche benötigt werden, damit das Geschäftsmodell funktioniert. Sie lassen sich leichter kalkulieren, wenn du bereits im Vorfeld die Ressourcen, die Aktivitäten und die Partnerschaften definiert und kalkuliert hast.

Dabei kannst du zwischen zwei verschiedenen Geschäftsmodellen unterscheiden: Kostengesteuerte und wertge- steuerte Geschäftsmodelle.

Kostengesteuerte Geschäftsmodelle versuchen, wie zum Beispiel Billig-Airlines oder Discounter, versuchen, die Ausgaben so weit wie nur möglich zu reduzieren. Dies gelingt zumeist durch eine Kombination aus Produkten im Niedrigpreissegment, eine sehr starke Automation im Bereich Produktion und Vertrieb und eine umfassende Nutzung verschiedener Partner.

In wertgesteuerten Geschäftsmodellen hingegen legen die Unternehmen höchsten Wert auf hochwertige Produkte und Angebote, welche oftmals mit einem sehr hohen Service-Gedanken und vielen Service-Dienstleistungen für die Kunden einhergehen. Gute Beispiele in dieser Kategorie sind Designer-Modemarken, Luxushotels und Smartphone-Hersteller wie Samsung oder Apple.

Bei den Ausgaben musst du folgende Kostenkategorien unterscheiden und in deinem kosten- oder wertgesteuerten Geschäftsmodell unterschiedlich stark gewichten.

Die Fixkosten

Diese Kosten bleiben immer gleich, egal wie gut deine Verkaufszahlen sind oder wie viele Produkte und Dienstleistungen du absetzt. Zu den Fixkosten zählen unter anderem die Löhne der Angestellten, die Mietkosten für Gebäude oder Maschinen, die Wartung und Pflege deiner Betriebsmittel und die Instandhaltung von Verkaufsräumen sowie deren weitere Kosten.

Die variablen Kosten

Die variablen Kosten sind abhängig von der Höhe deiner Produktion und deiner Verkäufe. Damit stehen beispielsweise auch die Rohstoffpreise, die Provisionen für deine Mitarbeiter oder

---

die Fracht- und Transportkosten für deine Waren im Zusammenhang. Die Stromkosten gehören ebenfalls zu den variablen Kosten, da diese abhängig vom Grad der Beschäftigung und der Produktionsmenge steigen und fallen können.

Betriebswirtschaftlich skalierbare Kosten

Durch eine Steigerung der Produktion lassen sich die Stückkosten der jeweiligen Einheiten in der Regel signifikant senken. Dementsprechend kann es für dich sinnvoll sein, direkt größere Mengen zu produzieren. Dabei solltest du beachten, dass ein Punkt erreicht werden kann, an dem aufgrund der Produktionsmengen neue Probleme auftreten.

Einsparpotentiale finden und entwickeln

Je größer ein Unternehmen ist, umso leichter lassen sich verschiedene technologische Entwicklungen und Ressourcen auf andere Marktsegmente übertragen und Kosten teilweise massiv reduzieren.

Beispiele aus der Praxis zu Ausgaben

Viele Unternehmen senken die Kosten für die eigenen Dienstleistungen, indem bestehende Möglichkeiten genutzt und geschickt erweitert werden. Skype ist ein sehr gutes Beispiel. Das Unternehmen musste kein eigenes Netzwerk aufbauen, welches gewartet und gepflegt werden muss. Das bestehende Internet konnte direkt für die angebotenen Dienstleistungen genutzt werden. Auch Apple nutzt die Möglichkeit, über die Preispolitik die eigenen Absätze effektiv zu verbessern. Kommt ein neues Modell auf den Markt, wird der Preis für das alte Modell für die Kunden gesenkt. Somit können weitere Käuferschichten angesprochen werden, was die Kosten für die Überproduktion der Geräte und die Kosten für die Lagerung und Entsorgung der Bestandsgeräte für das Unternehmen minimiert und damit die Ausgaben gesenkt.

Die Ausgaben sind ein kritischer Bereich für jeden Unternehmer. Wenn du in deinem Geschäftsmodell alle anderen Faktoren geplant hast und diese vor dir liegen, kannst du anfangen, die Kosten zu berechnen. Es ist durchaus sinnvoll, mehrere Optionen durchzuspielen und zu schauen, ob du mit dem kostenbasierten oder wertgesteuerten Geschäftsmodell wirtschaftlich am sichersten fährst und mit welcher Lösung du ein entsprechend hohes Entwicklungspotential erreichen kannst. Dabei kann sparen um jeden Preis manchmal kontraproduktiv sein, vor allem dann, wenn dich die Einsparungen in der Entwicklung deines Unternehmens behindern oder einschränken. Eine gute Kalkulation der Ausgaben ist darüber hinaus für deinen Businessplan enorm wichtig, da hier in der Regel besonders genau kontrolliert wird.

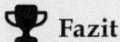 **Fazit**

Du siehst, dass dir mit dem Business Model Canvas eine Lösung zur Verfügung steht, mit welcher du dein Geschäftsmodell schnell bestimmen und flexibel gestalten kannst. Wenn du dir nur ein wenig Zeit nimmst und du bereit bist, dich umfassend mit den Stärken und Schwächen deiner Idee auseinanderzusetzen, kannst du innerhalb weniger Stunden ein eigenes Geschäftsmodell entwickeln, es auf Schwächen abklopfen und die Grundlage für deinen geschäftlichen Erfolg legen. Ein solides und validiertes Geschäftsmodell verschafft dir deutliche Vorteile gegenüber der potentiellen Konkurrenz, sorgt für eine höhere Sicherheit bei deiner angehenden Geschäftstätigkeit und dient zusätzlich zur Überprüfung der erreichten Ziele und zur Verbesserung der eigenen Strategie. Je gründlicher du dich mit deinem Geschäftsmodell auseinandersetzt und je intensiver du dabei mit dem Business Model Canvas arbeitest, umso effektiver kann sich dein Geschäft entwickeln. Denn diese Grundlagen sind für den dauerhaften Erfolg von entscheidender Bedeutung. Eine gute Idee allein kann zwar den Anstoß bieten, doch ohne ein tragfähiges Geschäftsmodell ist eine solche Idee in fast allen Fällen zum Scheitern verurteilt.

Download-Bereich

mitglieder.gruender.de

Falls du an dieser Stelle noch Inspiration oder mehr Hilfestellung benötigst, dann schau doch mal beim Gründer.de Inner-Circle vorbei. Hier kannst du dich nicht nur mit Gleichgesinnten austauschen, sondern erhältst Input von ausgewählten

Experten aus allen Themenbereichen, welcher für den Auf- und Ausbau eines Unternehmens relevant sein kann:

www.gruender.de/inner-circle/anmeldung

SCHRITT 2: DIE EVALUIERUNG DEINES GESCHÄFTSMODELLS

Du weißt jetzt, welche Punkte entscheidend für dein erfolgreiches Geschäftsmodell sind. Kommen wir nun zu den Zahlen. Denn die beste Geschäftsidee ist letztlich nichts wert, wenn nicht auch die Zahlen stimmen. Schließlich wäre es schade zu sehen, dass du dein Projekt auf den Weg gebracht hast, um dann von den fehlenden Finanzen ausgebremst zu werden. Aus diesem Grund wollen wir dir mit einem simplen Kalkulationstool helfen, um frühzeitig Kapitalbedarf, Cashflow und langfristige Perspektiven des Projekts abschätzen zu können, ohne sich in Details zu verrennen.

Du wirst feststellen, dass Planung und Umsetzung ohnehin in der Regel ein Stück weit voneinander abweichen. Eine Vorabplanung ist trotzdem sinnvoll, um ein Projekt zu bewerten und Prognosen treffen zu können. Beachte bitte, dass eine extrem detaillierte Planung ganz am Anfang eines Projektes ist aber meist nur ein Zeitfresser ist, der dich deinen Zielen nicht näher bringen wird.

Um diese Evaluierung deines Geschäftsmodells vorzunehmen, haben wir dir im Download-Bereich eine Exceltabelle zur Verfügung gestellt. Du kannst sie ganz einfach mit deinen Zahlen füttern kannst und so sehr schnell einen Überblick darüber gewinnen, ob dein Konzept tragfähig ist und welches Potenzial es mittelfristig birgt. Die Kalkulation orientiert sich am Cashflow. Der Cashflow bezeichnet die Differenz zwischen Einnahmen und Ausgaben. Insbesondere Rückstellungen und Abschreibungen lassen wir also zunächst außen vor.

Download-Bereich
mitglieder.gruender.de

Wir betrachten für diese einfache Cashflow Planung die ersten zwölf Monate deines Businesses. Auf dieser Basis kannst du dann auch die folgenden Jahre kalkulieren.

Bitte beachte dabei, dass in der Praxis die Werte ohnehin an vielen Stellen deutlich abweichen können, weil es meistens nicht möglich ist, auf dem Papier die unzähligen Variablen eines neuen Geschäftsmodells genau vorherzusehen. Also kalkuliere nur so genau, wie es dein Zeitplan zulässt. Abweichungen von 10, 20 oder auch 50 % können an einzelnen Stellen vorkommen, zerbrich dir deswegen nicht unnötig lange den Kopf.

Wichtig ist, dass du dir zunächst Gedanken darüber machst, wie hoch deine Umsätze am Anfang realistischerweise sein werden und welche Kosten in welcher Höhe auftreten. Für die ersten zwölf Monate empfiehlt es sich hier, jeden einzelnen Monat zu betrachten und auf Basis des ersten Jahres eine Schätzung für die folgenden Geschäftsjahre abzuleiten.

An den Ergebnissen kannst du zunächst einmal deinen Kapitalbedarf ablesen. Wenn der verfügbare Cashflow in einem der Monate im roten Bereich, also im Minus sein sollte, musst du diesen Fehlbetrag entweder durch Geld aus deiner eigenen Tasche oder durch fremdes Geld ausgleichen, um nicht zahlungsunfähig zu werden. Es empfiehlt sich hier zudem einen gewissen Puffer einzukalkulieren, um nicht von Abweichungen nach unten überrascht zu werden. Sollte sich dein Geschäftsmodell Am Anfang nicht selbst tragen, hilft dir das nächste Kapitel mit Tipps zur Kapitalbeschaffung einfach und pragmatisch weiter.

Des Weiteren kannst du anhand dieser Kalkulation das Potential deines Geschäftsmodells ablesen. Wenn du merkst, dass der verfügbare Cashflow im 5. Geschäftsjahr immer noch weit hinter deinen Zielsetzungen in Punkto Einkommen liegt, wirst du mit deinem Business vermutlich nicht glücklich werden. Zudem solltest du hier eine gewisse Risikokomponente einkalkulieren. Stell dir vor, es läuft alles wie geplant und dein Cashflow erhöht sich im 5. Geschäftsjahr um 250.000 €.

Diese 250.000 € wären dein Gewinn als Unternehmer im 5. Geschäftsjahr vor Steuern. Das wäre sicherlich kein schlechtes Ergebnis. Aber du solltest dir an dieser Stelle unbedingt die Frage stellen, wie wahrscheinlich es ist, dass alle von dir angenommenen Entwicklungen so eintreten. Nehmen wir mal an, dugehst davon aus, dass es nur mit einer Wahrscheinlichkeit von 25 % klappt, dann musst du diese Wahrscheinlichkeit mit diesem erwarteten Ergebnis multiplizieren, um den tatsächlichen Erwartungswert zu erhalten. Dieser Erwartungswert liegt in diesem

Fall bei ‚nur' 62.500 €. Du musst dir an dieser Stelle die Frage stellen, ob du bereit bist, für die von dir berechnete Rendite im 5. Jahr 5 Jahre lang Vollgas zu geben.

Je simpler dein Geschäftsmodell, je planbarer und zuverlässiger die Komponenten, desto höher ist die Wahrscheinlichkeit, dass dein Geschäftsmodell erfolgreich ist. Deshalb solltest du dir gut überlegen, ob du z.b. lieber mit einem Business arbeiten willst, dass zu 90 % klappt und 200.000 € Rendite verspricht oder auf eine 10 %-Wahrscheinlichkeit einer 3.000.000 € Rendite setzt.

Dir sollte klar sein, dass unternehmerisches Handeln immer mit dem Abwägen von Risiken zu tun hat, oder anders ausgedrückt, dass du dir die besten Chancen aussuchen solltest. Das soll an dieser Stelle überhaupt nicht demotivieren, sondern nur zum klugen Abwägen motivieren, denn wer gar nicht erst mitspielt, kann natürlich auch nicht gewinnen.

Solltest du an dieser Stelle zu dem Ergebnis kommen, dass dein Geschäftsmodell nicht ertragreich genug ist, hast du zwei Möglichkeiten. Entweder du nimmst dir alle Stellschrauben deines Geschäftsmodells noch einmal vor und überlegst, ob man die Erträge optimieren kann (wie bspw. durch ein besseres Erlösmodell oder durch stärkere Partner) oder aber du fängst einfach nochmal mit einem anderen Geschäftsmodell von vorne an. Bei den allerwenigsten Unternehmern hat das erste Unternehmen, das erste Projekt oder das erste Geschäftsmodell direkt funktioniert. Also mach weiter!

KAPITAL

Den ersten schweren Schritt hast du bereits erfolgreich gemacht. Du hast jetzt ein potentiell funktionierendes Geschäftsmodell. Die Evaluierung deines Geschäftsmodells hat vielleicht ergeben, dass du für die Umsetzung zusätzliches Geld benötigst. Selbst wenn dein junges Unternehmen kaum Kapitaleinsatz erfordert, brauchst du einen finanziellen Background. Für die Geldbeschaffung gibt es viele Möglichkeiten - einfache und aufwendige Varianten. Die Bandbreite reicht vom Eigenkapital bis zum privaten Darlehen von Freunden und Familie, vom Bankkredit bis zu kreativen Finanzierungsformen wie Crowdlending und Crowdfunding.

Grundsätzlich gilt, dass du mit einer gesunden Mischung aus mehreren Möglichkeiten am besten dran bist. Für dich und dein Start-up ist jedoch auch genau die individuelle Finanzierung richtig, die auf deine Geschäftsidee, deinen Finanzbedarf und deine Persönlichkeit maßgeschneidert zugeschnitten ist. Vor der Entscheidung steht die Information — nachfolgend findest du Wissenswertes und wichtige Details über die diversen Möglichkeiten, für dein neues Unternehmen die passende Finanzierung zu erhalten.

FINANZIERUNGSWEGE FÜR DEINE UNTERNEHMENSGRÜNDUNG

Der klassische Weg: Geld von der Bank

Den ersten Versuch, Geld für deine Firmengründung zu bekommen, hast du vielleicht ganz konventionell und klassisch unternommen — ein Kredit von der Bank ist möglich und unter bestimmten Umständen sinnvoll. Du kannst das Darlehen bei deiner Hausbank oder bei einer Online-Bank beantragen. Außerdem gibt es eine Reihe von staatlichen Förderungen und Fonds. Ein gutes Beispiel ist der Gründerkredit, der von der Kreditanstalt für Wiederaufbau (KfW) bewilligt wird, oder der Mikrokredit über die GLS Bank.

In jedem Fall brauchst du für die Beantragung eines Bankkredits

- einen vollständigen Businessplan
- einen Investitionsplan
- eine Aufstellung deines Vermögens (Eigenkapital)
- eine Selbstauskunft
- Einkommenssteuerbescheide, wenn du sonstiges Einkommen hast
- Bilanzen, wenn du ein bestehendes Unternehmen übernehmen möchtest
- Verträge oder Vertragsentwürfe, zum Beispiel Mietvertrag, Franchisevertrag, Gesellschaftervertrag

Mit Eigenkapital und Sicherheiten wird der Bankkredit eher bewilligt als ohne. Die Bank wird immer eine Schufa-Auskunft beantragen, um deine Kreditwürdigkeit festzustellen. Die größte Hürde für junge Gründer liegt allerdings oft bei der Kredithöhe: Eigenartigerweise werden sehr hohe Summen oft schneller und einfacher bewilligt als ein Kreditbetrag, der nur bei einigen Tausend Euro liegt. Lass dich nicht entmutigen. Es gibt auch andere Wege, um das Startkapital für deine Geschäftsidee zu bekommen.

Unterstützung durch Family & Friends

Deine Familie und Freunde sind im besten Fall Vertrauenspersonen, die du um Hilfe bitten kannst. Wenn du von deinem Konzept überzeugt bist und du auch andere von den Erfolgsaussichten überzeugen kannst, ist die private Geldleihe eine Alternative zum klassischen Kredit. Aber Vorsicht! Es geht nicht darum, Oma oder Onkel zu „überreden", dass sie dich unterstützen. Es geht auch nicht darum, deinen besten Freund zu bequatschen, damit er mehr oder weniger viel Geld in dein Projekt steckt. Man sagt nämlich nicht umsonst: „Beim Geld hört die Freundschaft auf."

Wichtig sind drei Dinge: Wen fragst du? Wie fragst du? Mach einen Vertrag!

Bevor du Verwandte oder Freunde um finanzielle Hilfe bittest, mach dir ein paar Gedanken. An erster Stelle: Können es sich die Personen überhaupt leisten, dir Geld zu leihen? Gerade bei einem engen verwandtschaftlichen Verhältnis fühlen sich manche Menschen verpflichtet und trauen sich nicht, offen und ehrlich zu reagieren. Wenn du weißt, dass sich deine Mutter nur mit einem niedrigen Einkommen oder einer kleinen Rente mühsam über Wasser hält, frag nicht. Du solltest schon einen kleinen Einblick in die Lebensumstände und in die finanzielle Lage haben, bevor du Familienmitglieder um ein privates Darlehen bittest. Das gilt auch für gute Freunde. Die Hemmungen, deinen Kreditwunsch abzulehnen, sind vielleicht geringer. Aber die Beziehung könnte darunter leiden. Frag also nur Leute, bei denen du sicher sein kannst: Sie können es sich ohne Einschränkungen in der eigenen Lebensqualität leisten, dich mit einem Privatkredit zu unterstützen! Niemand muss deinetwegen auf einen Urlaub oder eine dringend notwendige Anschaffung verzichten. Niemand sollte die Reserven für Notfälle angreifen, damit du deinen Traum vom eigenen Unternehmen verwirklichen kannst!

Die Frage beziehungsweise Bitte wegen finanzieller Unterstützung sollte nicht aus heiterem Himmel kommen. Bestimmt hast du im Familien- und Freundeskreis schon öfter über dein geplantes Projekt geredet. Wenn es jetzt konkret wird, sorge für eine entspannte Atmosphäre und dafür, dass ihr ungestört seid. Mach von Anfang an klar, dass deine Bitte abgelehnt werden darf, ohne dass der oder die Befragte ein schlechtes Gewissen bekommt! Halte deine Unterlagen bereit. Dann schilderst du dein Vorhaben möglichst konkret. Du beschreibst deine finanzielle Lage und sagst, wie viel Geld du benötigst. Mach gleichzeitig einen realistischen Vorschlag, wann und in welcher Höhe du das private Darlehen zurückzahlen kannst. Niedrige Raten sind oft leichter planbar und überschaubar! Eher schlecht ist dagegen die Absicht, den gesamten Betrag nach einer gewissen Zeit auf einmal zurückzubezahlen.

Du hast eine Zusage bekommen? Super! Halte die wichtigen Daten schriftlich fest, das heißt, mach einen ordentlichen Vertrag. Inhaltlich muss hinein: Deine Daten, die des Kreditgebers, die Summe und der Zeitpunkt. Im Vertragstext muss deutlich werden, dass das Geld geliehen und nicht geschenkt wird, zum Beispiel mit den Begriffen Kredit, Darlehen, Leihe. Außerdem gehört in den Vertrag, wann, wie und in welcher Höhe du das geliehene Geld wiedererstattest. Das ist kein Misstrauen, von keiner der beiden Seiten aus, sondern eine absolut wichtige Vorsichtsmaßnahme. Mit einem Vertrag haben die beiden beteiligten Parteien Sicherheit. Derjenige, der dir das Geld leiht, muss sich nicht auf dein Wort verlassen, sondern weiß genau, in welchem Zeitraum du deine Schulden begleichst. Sollte es aus irgendeinem Grund zu Schwierigkeiten kommen, hat der Kreditgeber eine vernünftige Grundlage in der Hand. Der Vertrag kann handschriftlich sein und muss die Unterschriften von Darlehensnehmer und Darlehensgeber enthalten. Möglich sind auch Zeugen. Ihr könnt außerdem Zinsen vereinbaren. Dafür gibt es im Netz einfach zu bedienende Kredit-, Zins- und Tilgungsrechner. Du findest zum Beispiel auf www.finanzen-rechner.net/kreditrechner.php einen Rechner, bei dem du die Kreditsumme, die Laufzeit und den Zinssatz eingeben kannst.

Wenn die Person, die dir das Geld leiht, auf eine Sicherheit besteht, kannst du beispielsweise dein Auto übereignen. In der Praxis sieht das so aus, dass in dem Vertrag folgender Text steht: „Der Darlehensnehmer übereignet dem Darlehensgeber sein Fahrzeug zur Sicherung der Darlehensrückzahlung. Es handelt sich um den PKW (Marke) mit dem amtlichen Kennzeichen (X-Y-123). Der Darlehensgeber akzeptiert hiermit die Sicherungsübereignung.

Das Fahrzeug verbleibt während der Laufzeit im Besitz des

Darlehensnehmers." Der Kreditgeber erhält den Fahrzeugbrief, damit du das Fahrzeug nicht anderweitig verkaufen kannst.

Die vereinbarten Raten solltest du immer pünktlich und in voller Höhe bezahlen, am besten per Dauerauftrag. Falls es einmal zu Verzögerungen kommen sollte, informiere deine Freunde oder Familienmitglieder unbedingt rechtzeitig. Wer dir privat Geld leiht, vertraut dir. Dieses Vertrauen darf nicht enttäuscht werden.

Crowdfunding und Crowdlending: Innovative Verfahren für die Finanzierung deiner Gründungs- oder Projektidee

Bei den Methoden Crowdfunding und Crowdlending beteiligen sich Privatpersonen mit unterschiedlich hohen Geldbeträgen an deinem Projekt. Crowdfunding gilt als Oberbegriff, Crowdlending ist eine spezielle Form. Beide Methoden setzen eine Plattform im Internet voraus, auf der du deine Idee veröffentlichst und um Beteiligung wirbst. Du machst die Interessenten auf dich und deine Gründungsabsicht aufmerksam. Mit einer umfassenden Darstellung deiner Idee und einer vertrauenswürdigen Selbstvermarktung kann es dir gelingen, Menschen zu begeistern. Du bist unabhängig vom Goodwill der Banken, allerdings ist deine Bonität beim Crowdlending in einem gewissen Umfang wichtig.

Crowdfunding und Crowdlending sind kreative, innovative und zeitgemäße Verfahren - das Netz macht es möglich, dass du auf eine ungewöhnliche Art und Weise dein neues Unternehmen starten kannst! Was Frau Merkel als Neuland bezeichnet, zeigt sich hier von seiner besten Seite: Im Internet eröffnen sich für Gründer ungeahnte Möglichkeiten, die du unbedingt näher kennenlernen solltest!

Crowdfunding – So funktioniert's

Crowdfunding steht für Gruppenfinanzierung. Hier handelt sich nicht um einen Kredit von einer Bank oder einer Einzelperson, sondern im weitesten Sinne um eine Art Spende von einer Menge (Crowd) von Menschen. Die emotionale Beteiligung spielt eine große Rolle. Beim Crowdfunding unterscheidet man mehrere Versionen. Damit das Projekt überhaupt realisiert werden kann, wird oft bereits im Vorfeld eine Mindestsumme definiert. Diese Summe muss in einem ebenfalls vorher festgelegten Zeitrahmen erreicht werden. Das klassische Crowdfunding und das Spenden-Crowdfunding basieren auf Spenden von einer Vielzahl von Menschen. Es gibt keine finanzielle Gegenleistung, sondern du bietest Dankeschön-Aktionen, Produkte aus deiner Herstellung oder immaterielle, ideelle Gegenleistungen an. Diese Art des Crowdfundings findest du auch unter den Bezeichnungen Crowdsponsoring, Gegenleistungs-Crowdfunding, reward-based Crowdfunding, donation-based Crowdfunding oder Crowddonating. Die Finanzierungsform eignet sich besonders gut für die Einführung neuer Produktideen und für alles, was im weitesten Sinne mit Kunst, Kultur, Forschung oder Wissenschaft zu tun hat. Wenn deine Geschäftsidee einen sozialen Aspekt bietet, bist du mit klassischem Crowdfunding und Spenden-Crowdfunding ebenfalls auf der richtigen Spur.

Crowdinvesting bedeutet, dass die Menschen am Projekterfolg finanziell beteiligt werden. Die Teilnehmer investieren und setzen auf deinen Erfolg. Das Crowdinvesting oder equity-based Crowd- funding eignet sich für nachhaltige Projekte aus den Bereichen Ökologie und Umweltschutz, für Start-ups, Energie- und Filmprojekte, Immobilien, kleine und mittelständische Unternehmen.

Geeignete Plattformen sind zum Beispiel

- Indiegogo, international, Finanzierung aller Ideen möglich
- Kickstarter, weltweit größte Plattform, perfekt für kreative Projekte
- Oneplanetcrowd, international, Fokus auf ökosozialen Projekten
- Gemeinschaftscrowd, Spenden-Plattform initiiert von der GLS Treuhand, für alle möglichen Projekte
- Ecocrowd, ins Leben gerufen von der Deutschen Umweltstiftung, Förderung nachhaltiger Projekte in Deutschland, der Schweiz und Österreich
- Seedmatch, erste deutsche Plattform für Start-ups
- GLS Crowd, für sozial-ökologische Vorhaben, Fokus auf Deutschland

- Deutsche Mikroinvest, spezialisiert auf Start-ups, kleine und mittelständische Unternehmen

Die Eingrenzungen auf klassisches Crowdfunding, Spenden-Crowdfunding und Crowdinvesting überschneiden sich teilweise. Zahlreiche Plattformen beschränken sich auf einen lokalen Radius. Hier bist du richtig, wenn dein neues Unternehmen einen starken regionalen Bezug hat. Sieh dir die Plattform, auf der du dein Projekt einstellen möchtest, im Detail an und entscheide dich dann.

> Einen Überblick über bekannte klassische
> Crowdfunding-Plattformen findest du hier:
> www.crowdfunding.de/plattform-suche

Crowdlending: Die unkonventionelle Art, Geld zu leihen

Kurz erklärt bedeutet Crowdlending, dass du dir von einer Vielzahl von Menschen Geld leihst. Es gibt eine vereinbarte Summe, eine festgelegte Laufzeit und vereinbarte Zinsen. Beim Crowdlending entscheidet nicht die Bank über die Kreditvergabe, sondern jeder einzelne private Kreditgeber kann sich mit einer frei wählbaren Summe an deinem Kredit beteiligen. Crowdlending eignet sich für Kredite von privat an privat, aber auch für Darlehen von Privatpersonen an Unternehmer und Selbstständige.

Begriffserklärungen zum Verständnis

Crowdlending wird auch als lending-based Crowdfunding bezeichnet. Der Kredit unter Privatpersonen heißt P2P-Kredit (Peer-to-Peer), „peer" ist das englische Wort für „Gleichgestellter". Die geschäftliche Alternative nennt sich P2B-Kredit (Peer-to-Business).

Die Abwicklung erfolgt über spezialisierte Portale. Dabei wird die Kreditfähigkeit geprüft. Die Plattform stellt deine Bonität fest und stuft dich in eine entsprechende Risikoklasse ein. Nach dieser Einstufung richtet sich auch der Zinssatz. Im Gegensatz zur herkömmlichen Kreditvariante über eine Bank kannst du auch mit einer nicht so guten Bonität einen Kredit erhalten. Sehr schlechte Einstufungen führen allerdings dazu, dass dein Antrag von vornherein abgelehnt wird. Wenn dein Antrag angenommen wird, erfolgt die Veröffentlichung auf der Plattform.

Wer sich an deinem Kreditvorhaben beziehungsweise Geschäftsmodell beteiligen möchte, kann mit relativ geringen Beträgen einsteigen — teilweise schon ab 25 €. Sobald die Kreditsumme erreicht ist, wird der Kredit ausgezahlt. Die Raten für die Rückzahlung bezahlst du in der Regel monatlich. Dein Vorteil liegt in einer schnellen und unkomplizierten Kreditvergabe, für die du keine Bank brauchst. Crowdlending ist eine gute Alternative zum herkömmlichen Bankkredit.

Bekannte Plattformen für die Vermittlung von Crowdlending sind zum Beispiel

- auxmoney, Privatkredite für Selbstständige, Vermittlung in Deutschland
- Funding Circle, Kredite für den Mittelstand und für Selbstständige, Deutschland und international
- PrestaCap, Kredite für Unternehmen, Deutschland und international, Crowdlending für Unternehmen, Wachstumsunternehmen und Selbstständige
- Lendico, Kredite für Mittelständler und junge Unternehmer, Deutschland und international

Damit deine Idee genügend Unterstützer findet, kommt es auf die richtige Präsentation an. Auch die Rahmenbedingungen müssen passen. Beim Crowdlending benötigst du, je nach Portal, diverse Unterlagen. Teilweise sind auch Sicherheiten oder Bürgschaften erforderlich.

10 Tipps für dein erfolgreiches Crowdfunding oder Crowdlending

1. Die richtige Plattform finden

Wenn du einen Autoteile-Bringdienst in deiner Stadt gründen willst, bist du auf einer Plattform für Öko-Projekte falsch. Logisch, oder etwa nicht? Der Erfolg deines Projekts oder deines Finanzierungswunsches steht und fällt also mit der richtigen Plattform. Du definierst ganz klar, was du möchtest, was du kannst und was du anbietest. Bei einer Spenden-Plattform zeigst du dich mit sogenannten Rewards erkenntlich. Auch die müssen passen. Beispiel: Du ziehst eine Initiative zur Kinderbetreuung auf, etwa im Sinne einer Leihoma. Dann soll auch die Gegenleistung in diese Richtung gehen: Du kannst beispielsweise an die Spender kleine, amüsante Geschichten aus dem Leihoma-Alltag verschicken. Der emotionale Aspekt darf nicht unterschätzt werden. Andersherum gilt die Übereinstimmung natürlich ebenso. Wenn deine Geschäftsidee im IT-Bereich liegt, kommst du mit Sachlichkeit oft besser an. Des Weiteren ist die Reichweite der Plattform wichtig. Legst du Wert auf Globalität oder ist eine regionale Anbindung für deine Geschäftsidee ausschlaggebend? Sieh dir verschiedene Plattformen genau an, dann bekommst du ein Gefühl dafür, was zu dir und deinem Projekt passt.

2. Wie viel Geld brauchst du?

Die Zielsumme muss feststehen und realistisch begründet sein. Das heißt, du ermittelst eine Summe, die kostendeckend ist. Nicht zu hoch und nicht zu niedrig, sondern an dein Projekt angepasst. Es gibt Plattformen, bei denen wirklich jeder Euro zählt, das heißt, die Spender können sich schon ab einer Summe von zehn Euro beteiligen. Die exakte Abstimmung der drei Komponenten Projekt, Plattform und erforderlicher Geldbetrag führt am schnellsten zum Ziel. Die meisten Spenden-Plattformen arbeiten nämlich nach dem Prinzip „Alles oder Nichts". Wenn du also im geplanten Zeitraum die notwendige Summe nicht sammeln kannst, wird es nichts mit deiner Idee.

3. Geeignete Rewards anbieten

Die Gegenleistung muss attraktiv sein. Deine Kreativität ist gefragt - und wenn die eigenen Ideen fehlen, gibt es eine probate Lösung: Stöbere intensiv auf diversen Plattformen. Du sollst nichts imitieren, aber die Kenntnis dessen, was sich andere einfallen lassen, hat schon so manchen inspiriert. Die Kosten gehören übrigens mit in die Gesamtsumme. Auch wenn du ideelle, emotionale Gegenleistungen anbietest, denk daran: Du investierst in jedem Fall deine eigene Zeit, und Zeit ist Geld. Günstig für deinen Gesamterfolg ist es, wenn du die Rewards in irgendeiner Form werbetechnisch vermarkten kannst. Aktionen und Events aller Art passen zum Beispiel gut in einen Blog oder ergeben Content für einen Newsletter. Wer spendet, wird gern informiert - so hältst du deine Spender bei guter Laune.

4. **Worum geht es bei deinem Projekt? Deine individuelle Story!**

Erzähle deine Geschichte! Was bist du für ein Mensch, wie ist deine Idee entstanden? Warum ist gerade dieses Projekt dein Herzensprojekt? Was treibt dich an? Herzblut, Leidenschaft und Engagement sollen spürbar und nachvollziehbar werden. Aber bei aller Begeisterungsfähigkeit: Vergiss nicht, deine Kompetenz, deine Erfahrung und deine Fähigkeiten zu integrieren. Berichte in deiner eigenen Sprache, verstell dich nicht, bleib authentisch. Natürlich kannst du einen professionellen Storyteller mit ins Boot holen, der sollte aber nur für den Feinschliff sorgen. Deine potenziellen Unterstützer spüren, wer dahinter steckt. Deine Glaubwürdigkeit stellst du selbst her, mit deiner Persönlichkeit, das kann dir niemand abnehmen.

5. **Wie machen es die anderen?**

Von der Konkurrenz kann man immer lernen. Gute Ideen kannst du als Inspiration nutzen. Langweilige Stories und einfallslose, fade Rewards erkennst du entweder selbst auf Anhieb oder du findest ein negatives Feedback. Auch diese Erfahrungen anderer Crowdnutzer - ob Suchende oder Spender - sind hilfreich. Bau dir ein Netzwerk auf. Auf vielen Plattformen gibt es die Möglichkeit zum internen Nachrichtenverkehr, wo du nach Tipps und Hilfestellungen fragen kannst. Sinnvoll ist es auch, wenn du einige Projekte beobachtest: Wie entwickelt sich das Funding? Gibt es Rückmeldungen?

6. **Präsent sein und Ziele definieren**

Zum erfolgreichen Crowdfunding gehört viel Arbeit. Du präsentierst dich und deine Idee in der Öffentlichkeit, das geht nicht nebenbei. Nimm dir genug Zeit für eine gründliche Vorarbeit. Während des Funding-Zeitraums bleibst du laufend am Ball. Wenn du mit den Menschen im Dialog bist, zeigst du: Du nimmst die Sache ernst.

7. **In den Startlöchern: Schlagkräftige Ideen für dein erfolgreiches Crowdfunding oder Crowdlending**

Bilder sagen mehr als Worte, deshalb ist ein gut gemachtes Video oder eine tolle Fotopräsentation ein Magnet für Interessenten. Du willst Aufmerksamkeit wecken? Dafür sind sämtliche Kanäle geeignet. Hast du eine Webseite und eine Facebook-Seite? Bist du in der Lage, laufend Infos und spannende Entwicklungen zu posten? Die Menschen wollen mit dir kommunizieren, auch wenn dir die Kommunikation oft einseitig erscheint. Wie kommst du bei deiner Zielgruppe an? Bewege dich aus deiner eigenen Filterblase, sprich mit Leuten, die nicht zu deinem engsten Kreis gehören. So bekommst du ein Gefühl dafür, was du noch verbessern kannst. Bevor du startest, achte auch auf den richtigen Zeitpunkt. Ein Crowdfunding-Projekt für Christbaumschmuck aus Naturmaterial ist im Januar keine gute Idee. Andererseits gibt es vielleicht aktuelle Ereignisse, an die du dich anhängen kannst.

8. **Die Anfangsphase deines Funding-Projekts**

Wenn der Start stark ist, stehen die Chancen auf eine erfolgreiche Weiterentwicklung gut. Kannst du gleich zu Beginn Leute mobilisieren, dann wirkt das ansteckend. Hinweise auf besondere Rewards für Früheinsteiger sind wirkungsvoll, ähnlich günstig zeigen sich auch Rabatte für Frühentschlossene. Allerdings solltest du nicht mit der Hau-drauf-Methode arbeiten, das kann eher abschreckend wirken.

9. **Dein Dialog mit den Menschen**

Ja, das Thema war schon mal da. Es ist aber so wichtig, dass es einen eigenen Platz verdient. Die Menschen liefern Feedback und stellen Fragen. Du antwortest. Immer und in jedem Fall, auch wenn es manchmal unangenehm ist. Vergiss nie: Auf jeden, der fragt, kommen viele, die lesen. Ein offener Dialog ist also weit über den augenblicklichen Aspekt hinaus wirksam.

10. **Zum Abschluss: Bleib du selbst!**

Das ist der wichtigste Tipp überhaupt. Informiere dich über die Möglichkeiten, hör dir die Ratschläge anderer an, aber dann finde deinen eigenen Weg. Das berühmte „Bauchgefühl" ist oft einer der besten Ratgeber, also hör auch auf deine innere Stimme.

Viele Wege führen zum Ziel!

Die Finanzierung für deine Geschäftsidee kannst du also auf unterschiedliche Weise erreichen. Pauschale Ratschläge gibt es nicht, deine Vorgehensweise wird von mehreren Faktoren bestimmt. Wenn du beispielsweise parallel zu einer Festanstellung startest, kann Crowdlending perfekt sein. Denn in diesem Fall bietest du mit deinem regelmäßigen Einkommen bereits gewisse Sicherheiten. Für kreative Menschen, die sich im sozialen oder ökologischen Bereich selbstständig machen möchten, ist Crowdfunding sehr vielversprechend. Bist du dir im familiären Umfeld oder bei deinen Freunden bist du dir sicher, dass sie dir gern und problemlos helfen können? Dann ist ein privater Kredit die richtige Entscheidung. Generell kannst du auch mehrere Möglichkeiten kombinieren, wenn dein Gesamtbudget die Rückzahlungen gewährleistet. Es lohnt sich in jedem Fall, nach bankenunabhängigen Alternativen zu suchen - dein Projekt ist den Einsatz wert.

SCHLACHTPLAN

Bis hierhin hast du die wichtige Basis für alle weiteren Aufgaben erarbeitet. Damit du den Überblick nicht verlierst und deine Zeit so effizient wie möglich nutzt, haben wir dir einen Schlachtplan mit allen Aufgaben erstellt, die noch zu tun sind. Du findest ihn im Download-Bereich (www.mitglieder.gruender. de). Deine Zugangsdaten hast du direkt nach dem Kauf per Mail erhalten.

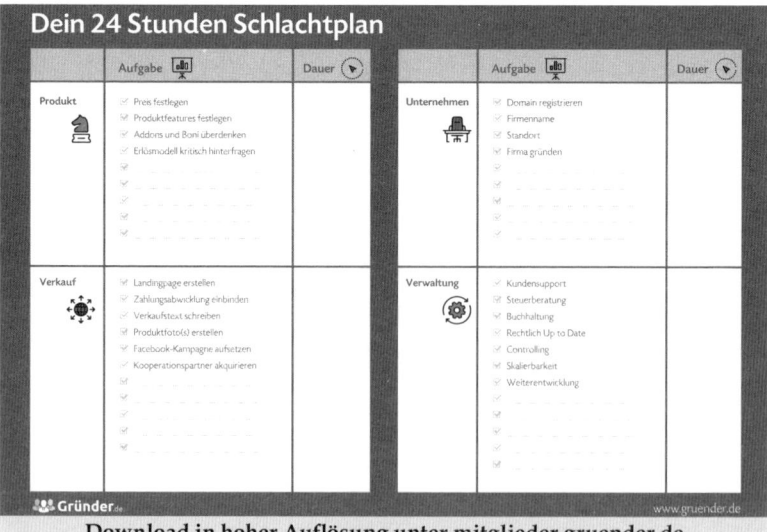

Der Schlachtplan ist deine persönliche ToDo Liste, in der du die wichtigsten Dinge priorisiert und mit einem festen Zeitbudget festhalten solltest. Die wichtigsten Punkte haben wir dir als praktische Checkliste zu deinem Schlachtplan hinzugefügt. Unser Tipp: Drucke ihn dir am besten jetzt schon aus und benutze ihn als Arbeitspapier, dass du beim Weiterlesen des Buches fortlaufend ergänzt und dann später, wenn es in die Umsetzung geht, wie eine ToDo-Liste abhaken kannst.

So weißt du genau:

- Was ist zu tun?
- Wie dringend? Muss die Aufgabe unbedingt bearbeitet werden, bevor das erste Produkt verkauft wird?
- Wieviel Zeit muss ich an dieser Stelle investieren, um eine ausreichende Lösung zu erarbeiten?

Erspare dir mithilfe der Checkliste einiges an Zeit bzw. nutze deine Zeit effizient.

Download-Bereich
mitglieder.gruender.de

PRODUKT

Dein nächstes Ziel ist es nun, dein Produkt so zu entwerfen, dass es verkaufsfähig ist und die Bedürfnisse deiner zukünftigen Zielgruppe befriedigt. An diesem Punkt kommen viele Gründer ins Stocken und beginnen, Probleme zu entwickeln. Denn die meisten Gründer nehmen sich viel zu viel Zeit bei der Produktentwicklung und Planung und verschwenden Geld, Zeit und Energie in aufwändige Testphasen. Wir wol- len dich mit diesem Buch ausdrücklich ermutigen, dein Produkt schnell auf den Markt zu bringen und es anhand der Reaktion deiner Kunden zukünftig weiter zu verbessern. Ja nachdem wie schnell dein Produkt realisierbar ist, kannst du jetzt drei verschiedene Wege einschlagen:

- Ist dein Produkt innerhalb kurzer Zeit realisierbar, dann ist genau das Vorgehen für dich geeignet, welches wir dir in diesem Buch empfehlen.

- Wenn dein Produkt allerdings technisch komplex ist und eine lange Entwicklungszeit voraussetzt, ist die Umsetzung deiner Geschäftsidee natürlich nicht in unserem 24 Stunden Plan umsetzbar. In diesem Fall empfehlen wir dir, das Buch trotzdem zu Ende zu lesen und dir unseren Ansatz zu Herzen zu nehmen, um diesen Entwicklungsprozess nicht länger zu gestalten als nötig und nicht am Markt vorbei zu entwickeln.

- Sollte dein Produkt nicht sehr schnell, aber in einem überschaubaren Zeitraum fertiggestellt werden können, dann kannst du dein Angebot schon vorab vermarkten und verkaufen. Du informierst deine Kunde, sobald dein Produkt fertig ist und lieferst es danach unmittelbar aus. Wenn du beispielsweise ein Hörbuch auf den Markt bringen möchtest, dass noch 2 Wochen zur Fertigstellung benötigt, kannst du es trotzdem schon auf deiner Landingpage anbieten und verkaufen, indem du so etwas kommunizierst wie "Lieferbar in 2 Wochen. Wenn du es jetzt schon kaufst, zahlst du nur die Hälfte".

DAS PRODUKT: GRUNDLAGE DES WIRTSCHAFTLICHEN ERFOLGS

Das Produkt, welches du in deinem Business anbieten möchtest und welches in deinem Geschäftsmodell aufgeführt ist, muss nicht nur entsprechend entwickelt, sondern auch an den aktuellen Markt angepasst werden. Dabei solltest du in jedem Fall bedenken, dass Produkte immer nur eine begrenzte Lebensdauer haben. Dies liegt weniger an der Qualität der Produkte, sondern an der realen Marktsituation. Wenn du beispielsweise ein einzigartiges Produkt mit einzigartigen Features auf dem Markt anbieten kannst, welches entsprechend starken Absatz findet, so wird es nicht lange dauern, bis die ersten Konkurrenten damit beginnen dein Produkt zu kopieren und Teile seiner Funktionen zu übernehmen. Natürlich könntest du entsprechend gegen diese Nutzungen klagen, könntest dir deine Produkte und Modelle sichern lassen, doch das kostet nicht nur viel Zeit, Geld und Nerven, sondern ist nur selten von langfristigem Erfolg gekrönt. Betrachte nur einmal die Entwicklung des Smartphones. Als Apple das erste iPhone auf den Markt brachte und damit Rekordgewinne einfuhr, gab es keine vergleichbaren Produkte auf dem Markt. Die Firma von Steve Jobs war zu diesem Zeitpunkt technisch visionär und der Konkurrenz augenscheinlich um Lichtjahre voraus.

Heute, knapp 10 Jahre später, ist der Markt mit Smartphones überschwemmt. Die Zahl der Konkurrenten hat sich im Laufe der Zeit enorm entwickelt und viele der Konkurrenten basieren noch immer auf der ursprünglichen Idee des Apple-Chefs. Dennoch schafft es Apple auch in der heutigen Zeit, seine Marktmacht zu halten und viele Konkurrenten hinter sich zu lassen. Und warum? Weil die iPhones noch immer gewisse Produktmerkmale haben, welche von der Konkurrenz nicht erreicht werden können oder welche nur aufgrund der extrem starken Verzahnung von Hard- und Software möglich sind. Doch hier zeigt sich deutlich, dass die Konkurrenz in der Lage ist, praktisch jedes Produkt zu kopieren und ähnliche Produkte auf den Markt zu werfen. Dir muss es also mit deinem Produkt gelingen, deinen Konkurrenten in irgendeinem Punkt voraus zu sein. Sei es in der Qualität deines Produktes begründet, im Ruf deines Unternehmens bei den Kunden oder im Status, welchen Kunden durch die Nutzung deines Produktes erwarten. Du kannst somit die Positionierung deines Unternehmens bei der Zielgruppe und unter der Konkurrenz nachhaltig durch dein Produkt bestimmen.

Niemand erwartet, dass dein erstes Produkt ähnlich erfolgreich ist wie ein iPhone zur damaligen Zeit. Auch die Firma Apple mit ihrem Geschäftsmodell stand bereits kurz vor der Pleite, hat viele Jahre nur mäßige Geschäftsberichte produziert und war weit abgeschlagen von der Konkurrenz. Doch ein gutes Produkt, eine zündende Idee genügte, um das Unternehmen im Laufe der Zeit zu einem der erfolgreichsten Unternehmen der Geschichte zu machen. Was also sollte dich daran hindern, deine Vision wahr werden zu lassen und dein Produkt auf die Beine zu stellen? Nichts. Du musst dich nur zielgerichtet um deine Produktentwicklung kümmern.

Programm, Dienstleistung oder reales Produkt: Grundlagen der Produktentwicklung

Du hast dir also ein Produkt überlegt, welches eine Marktlücke schließt oder die Bedürfnisse deiner erwarteten Zielgruppe befriedigt. Dabei spielt es eine Rolle, in welche Kategorie dein Produkt eingeordnet werden kann. Während sich Dienstleistungen schnell realisieren lassen und dementsprechend schnell zur Verfügung stehen können, sieht dies bei digitalen Programmen oder realen Produkten gänzlich anders aus. In allen genannten Fällen musst du jedoch die Produktentwicklung schnell und möglichst effizient angehen, um deinen Wettbewerbsvorteil ausnutzen zu können. Auch wenn du mit deinem Angebot beziehungsweise deiner Idee aktuell noch alleine bist, so bedeutet das nicht, dass nicht auch andere Menschen auf dieselbe Idee kommen könnten. Eine zu lange und zu komplizierte Produktentwicklung bis zur Marktreife deines Produktes kannst du dir nur in den seltensten Fällen leisten.

Langwierige Produktentwicklungen sind selten von Erfolg gekrönt

Selbst große Unternehmen können oftmals nicht unbegrenzt Zeit in die Entwicklung neuer Produkte investieren. Denn Zeit- und Kostendruck und vor allem der sich rasant verändernde Markt können bei zu langen Entwicklungsphasen schnell zu echten und spürbaren Problemen führen. Während große Unternehmen oftmals in der Lage sind Fehlentwicklungen einfach abzufedern, sieht dies bei kleineren Unternehmen und Startups ganz anders aus. Ein gutes Beispiel ist das Galaxy Note 7 von Samsung. Ein gutes Produkt, welches auch reißenden Absatz fand und dementsprechend passend zu den Wünschen der Zielgruppe entwickelt wurde. Das Smartphone mit dem Stylus verkaufte sich hervorragend und war drauf und dran die Marktführung in diesem Segment zu übernehmen. Allerdings kam dann das Problem mit den Akkus und der Gefahr für die Nutzer. Einen solchen Schaden, welcher inklusive Umtausch und Marketing in die Millionen ging, kann nur ein wirklich großes Unternehmen abfedern. Samsung ist dies gelungen, wenn auch nur unter enormen monetären Anstrengungen. Dennoch zeigt sich hier, dass der Zeitdruck auch für große Unternehmen zu einem Problem werden kann, wenn bei der Produktentwicklung Fehler unterlaufen.

Kleine Unternehmen und Startups können hier durchaus im Vorteil sein, denn Fehler bei den Produkten werden neuen und jungen Unternehmen schneller verziehen. Vor allem, wenn eine schnelle Änderung und Nachbesserung der Produkte erfolgt. Diesen Luxus können sich große und etablierte Unternehmen am Markt in der Regel nicht leisten, weil die Konkurrenz - zumeist in derselben Größenordnung - nicht schläft, sondern solche Lücken gnadenlos ausnutzt. Junge Unternehmen profitieren vor allem von einer sehr schnellen und effektiven Produktentwicklung, können Neuerungen oftmals on the fly implementieren und sind in der Lage schnell auf die Reaktionen der eigenen Kunden einzugehen. Hier musst du bei deiner Produktentwicklung in jedem Fall ansetzen. Denn nur durch den direkten Kontakt zu deinen Kunden und zu deiner Zielgruppe kannst du deine Produkte anhand der Marktanforderungen entwickeln und verbessern. Lösungen, welche bei großen Unternehmen und extrem breitgefächerten Zielgruppen enorm aufwändig sind, können für dich zur Chance werden.

Die Produktentwicklung ist ein schwieriges Pflaster und für viele junge Unternehmer anstrengend und fordernd. Du kannst dir in deiner Situation als Gründer kaum erlauben, Produkte umfangreich zu testen, zu verfeinern und zu verbessern. Wenn bereits etablierte Konzerne keine Möglichkeit haben, ihre Produkte vollkommen fehlerfrei und optimiert auf den Markt zu bringen, wie sollst du dies mit deinem neuen Geschäftsmodell und deinem neuartigen Produkt schaffen? Perfektion darf nicht dein vorrangiges Ziel sein. Du bringst dein Produkt erst einmal auf den Markt und perfektionierst es anschließend. Dies bietet dir als Unternehmer verschiedene Vorteile: Zum ei- nen ist ein solches Geschäftsmodell durchaus lukrativ, denn du erhältst Geld für dein Produkt, anstatt im schlimmsten Fall viel Geld in eine umfassende Produktentwicklung und Tests zu investieren. Zum anderen erhälst du eine direkte und optimierte Rückmeldung von deinen Kunden und Käufern und bist in der Lage, die Verbesserungen bereits während der umfassenden Produktentwicklung in dein Produkt einfließen zu lassen. Dabei solltest du schneller als deine Konkurrenten und dem Markt immer einen oder zwei Schritte voraus sein. Geschwindigkeit ist also durchaus ein wichtiger Aspekt bei der Produktentwicklung und sollte von dir mit bedacht werden.

DIE SIMPLIFIZIERUNG DES EIGENEN PRODUKTS UND DEREN VORTEILE

Egal ob du eine Software, eine App, eine Dienstleistung oder ein reales und produzierbares Produkt planst, wichtig ist, dass dein Produkt so einfach wie möglich ist.

Je mehr Funktionen dein Produkt aufweist und je mehr Kundenwünsche es zeitgleich befriedigen muss, desto schwerer machst du es dir. Das ist für das Endprodukt eines großen Konzerns vielleicht in Ordnung und realistisch, doch für einen Gründer und ein Startup ist das eine gewaltige Aufgabe. Bleiben wir bei dem oben genannten Samsung-Beispiel. Bei einem komplexen Produkt wie einem Smartphone können sich bereits kleinste Fehler fatal auswirken. Für einen guten Start ins Business empfiehlt sich aus diesem Grund ein Produkt, bei welchen die meisten Fehlerquellen einfach ausgeschlossen werden können. Dies bietet für dich nicht nur Vorteile bei der Produktentwicklung, sondern auch bei der endgültigen Produktion und beim Vertrieb deines Produktes. Denn je simpler ein Produkt und je einfacher es herzustellen ist, umso weniger finanzielles Risiko gehst du ein und umso größer sind deine Chancen, bei steigender Nachfrage diese auch befriedigen zu können.

Simplifizierung kann auf verschiedene Arten verstanden werden. Zum einen spricht man von einer Simplifizierung, wenn du die Zahl der Funktionen und Möglichkeiten bei einem Produkt so weit einschränkst, dass das gesamte Produkt effektiver und für den Kunden intuitiver nutzbarer wird. Zum anderen spielt das Design bei der Simplifizierung eine tragende Rolle. Denn einfache und dennoch moderne und klare Designstrukturen können Kunden oftmals viel besser einfacher überzeugen und sorgen für eine bessere Zugänglichkeit deines Angebots oder deines Produkts. Doch sehen wir uns einmal die zwei wichtigen Elemente der Simplifizierung genauer an. Die Konzentration auf die wesentlichen Funktionselemente und das Design deiner Produkte. Darüber hinaus müssen wir einen Blick darauf werfen, welche weiteren und zukünftigen Vorteile sich für dich aus der Simplifizierung deines Produkts ergeben können.

Die Konzentration auf das Wesentliche

Um dein Produkt möglichst effektiv für dich zu gestalten, solltest du zunächst überlegen, welche Elemente deines Produkts unbedingt benötigt werden. Dies hilft dir bei der Reduzierung deines Produkts auf das Wesentliche. Dieses Vorgehen eröffnet dir einige neue Möglichkeiten und bietet dir den perfekten Ansatz, um dein Unternehmen gezielter zu positionieren und vor allem die jeweilige Zielgruppe passgenau anzusprechen. Erweiterungen und Funktions-Ergänzungen deines Produkts können entweder in spätere Produkte einfließen oder dem Kunden als optionales Upsell angeboten werden. Die Simplifizierung deines Produkts auf die wesentlichen und funktionellen Elemente bietet dir somit eine ganze Reihe an Vorteilen:

- Die Produktion kann einfacher vorgenommen werden
- Die Produktionsdauer kann oftmals verkürzt werden
- Die Menge an benötigten Materialien schrumpft
- Die Zahl der Zulieferer kann gegebenenfalls reduziert werden
- Das Produkt lässt sich einfacher bewerben
- Kunden haben einen einfacheren Zugang zum Produkt und seinen Funktionen
- Erweiterungen des Funktionsumfangs können separat angeboten werden
- Durch Upsell-Prozesse lässt sich der Gewinn pro Produkt deutlich steigern
- Neue Versionen des Produkts können schneller angeboten werden, was einen deutlichen Marktvorteil ergibt
- Die Konkurrenzsituation wird entzerrt, da neue Entwicklungsperspektiven bereits vorhanden sind

Du siehst also, wie wertvoll es sein kann, dein Produkt zunächst auf die wesentlichen Elemente herunterzubrechen und eine grundlegende Basis-Version zu entwickeln. Der wichtigste Punkt hierbei: Durch die Minimierung der eingesetzten Ressourcen und der benötigten Zulieferer kannst du das wirtschaftliche Risiko in der Anfangszeit deines Business gering halten undsomit dein persönliches Risiko deutlich minimieren. Ist dein Bu-

---

siness erst einmal angelaufen und hat sich etabliert, kannst du mit schnellen Neuentwicklungen und Erweiterungen für ein beständiges Interesse deiner Zielgruppe sorgen und somit deinen Einfluss auf deinen Kundenstamm nachhaltig erweitern.

Bei einem konkreten und materiellen Produkt spielt vor allem die Funktionalität eine wichtige Rolle. Das bedeutet, dass die potentiellen Kunden sofort einen direkten Zugang zum Produkt und dessen Funktionen haben sollten. Je komplexer ein Produkt ist, umso schwieriger ist es, dies den Kunden zu vermitteln.

Bei Dienstleistungen, Ratgebern oder auch bei Software-Produkten ist es oftmals deutlich einfacher, die Kernelemente freizulegen und diese als Basis für dein Produkt zu verwenden. Dennoch gilt es auch hier jederzeit zu bedenken, welche Funktionen in jedem Fall enthalten sein müssen, damit dein Produkt von deinen Kunden akzeptiert und nachgefragt wird bzw. welche Probleme der Kunden sich mit deinem Produkt schneller und effektiv aus der Welt schaffen lassen. Denn entweder muss dein Produkt ein Problem für deine Kunden lösen oder ein Begehren befriedigen, welches bei einer möglichst großen Zielgruppe vorhanden ist. Ein Beispiel hierzu: Schuhe gibt es millionenfach auf dem Markt und viele Hersteller ringen um die gleiche Kundenbasis. Dennoch werden Markenschuhe trotz ihres höheren Preises gekauft, weil mit diesen ein Kundenbegehren befriedigt werden kann.

Designentscheidungen bei der Produktentwicklung

Neben der Vereinfachung deines Produkts spielt auch das Design eine wichtige Rolle. Denn dieses entscheidet oftmals maßgeblich über die Verkaufsentscheidung deiner Kunden. Mit dem Design eines Produktes kann in Teilen dessen Zielgruppe, vor allem im hochpreisigen Segment, umfassend definiert werden. Auch hier wieder ein Beispiel: Der Markenhersteller WMF hat sich im Bereich der Küchenausstattung etabliert und wird von vielen Menschen als Referenz hinzugezogen. Dies liegt jedoch bei Weitem nicht nur an der reinen Funktionalität der Produkte. Diese ist natürlich hoch und stellt die Ansprüche der Kunden zufrieden. Doch das Design macht die Produkte aus diesem Unternehmen zu einem echten Blickfang in jedem Haushalt. Die WMF-Produkte werden auf den ersten Blick erkannt. Hinzu kommt, dass viele Produkte von WMF entsprechend teuer eingepreist sind und sie somit auch Status-Symbole darstellen. Diese Kombination ist entscheidend. Wer sich zum Beispiel ein Messer-Set von WMF gönnt und dieses in einem schönen Messerblock präsentiert, möchte wahrscheinlich nicht nur, dass die Messer hervorragend schneiden, sondern auch, dass jeder Besucher den Wert der Messer erkennen kann.

Du siehst also, wie stark sich das Design deiner Produkte auf den Erfolg deines Unternehmens und auf die angepeilte Zielgruppe auswirken kann. Hinzu kommt, dass Produkte mit einem guten und einzigartigen Design oftmals zu deutlich höheren Preisen verkauft werden können und somit deine Marge über kurz oder lang deutlich erhöhen. Beim Design musst du also verschiedene Elemente miteinander in Relation setzen und ausbalancieren. Die Funktionalität muss immer gegeben sein. „Form follows Function" ist ein Gestaltungsprinzip, welches du nicht vernachlässigen solltest. Denn dein Produkt kann noch so gut und stylisch aussehen: Wenn die Funktionalität für deine Kunden unbefriedigend ist, wird auch das beste Design nichts nützen. Auch die angepeilte Preisgestaltung, die gewählte oder erwünschte Zielgruppe und die Menge an verkauften Produkten spielen eine wichtige Rolle. Bedenke, dass häufig ein hochwertiges Design mit höheren Produktionskosten einhergeht, was mit in deine Gesamtkalkulation einfließen sollte. Somit triffst du mit dem Design bei einem Produkt eine weitreichende Entscheidung, welche du gut abwägen solltest. Best Practice-Beispiele zeigen allerdings, dass die meisten Unternehmer zunächst den Massenmarkt anpeilen und somit nur wenig Energie und Zeit in ein perfektes Design investieren, damit zunächst eine möglichst große Kundenbasis geschaffen wird.

Von dieser Position aus ist es dann deutlich einfacher möglich, neue Märkte zu erschließen oder ein höherpreisiges Kundensegment anzusprechen. Zunächst solltest du dich auf ein passendes Design für die Markteinführung deines Produktes festlegen, später kannst du natürlich deine Produkte mit unterschiedlichen Designs entwickeln und entsprechende Reserven schaffen.

Features und Funktionen als Update oder Upsell möglich

Wie bereits beschrieben, bietet dir die Simplifizierung deines Produktes und deiner Angebote die Möglichkeit, deinen Kunden weitere Funktionen und Leistungen anzubieten. Dies kann durch regelmäßige Updates und Erweiterungen, welche sich in dein Angebot integrieren lassen, erfolgen oder du erweiterst dein Produktportfolio sukzessiv und lässt deinen Kunden Upsell-Angebote zukommen, welche von diesen entsprechend honoriert werden.

Mit der Simplifizierung deines Produkts kannst du ohne großen Aufwand deine Möglichkeiten spürbar erweitern und eine breitere Zielgruppe ansprechen beziehungsweise die Kunden zu Folgekäufen animieren. Im Rahmen eines effektiven Customer-Relationship-Managements musst du über kurz oder lang dafür sorgen, dass dir deine Kunden erhalten bleiben. Durch die Möglichkeit verschiedene Funktionen oder Erweiterungen und Verbesserungen anbieten zu können, wirst du in die Lage versetzt, diese Prozesse effektiv zu steuern. Deswegen ist es wichtig, wie du dein Produkt entwickelst und welche Möglichkeiten sich dir dabei bieten.

Komplexe Produkte müssen kein Problem, sondern können eine Chance für dich sein. Wenn du es schaffst, das Produkt zunächst so stark zu simplifizieren, dass deine Kunden mit den vorhandenen Funktionen zufrieden sind und diese schnell und ohne Eingewöhnung nutzen können, kannst du erstmals Vertrauen in dich und deine Produkte aufbauen. Durch die Möglichkeit, deine Angebote zu erweitern und dadurch deine Kunden noch effektiver und zielgerichteter mit deinem Produkt anzusprechen, kannst du dieses Vertrauen untermauern und zugleich den Nutzen deines Produkts für deine Kunden steigern. Nehmen wir hierzu ein Beispiel in Augenschein.

Du hast einen Ratgeber entwickelt, welcher deinen Kunden helfen soll, eine eigene Webseite professionell zu erstellen und diese zu monetarisieren. Der Ratgeber besteht unter anderem aus einem Buch, einer großen Anzahl an Videos und aus verschiedenen Best-Practice-Beispielen, anhand derer deine Leser – also die Kunden – exakt die einzelnen Schritte nachvollziehen können. Hinzu kommen noch die Projektdaten deiner Webseite, welche du ebenfalls zur Verfügung stellen kannst. Anstatt diese Elemente zu bündeln und ein Produkt zu schaffen, welches viele Kunden überfordert und extrem teuer wäre, kannst du die einzelnen Elemente separat voneinander auf den Markt bringen. Deine Kunden können zunächst dein Buch kaufen und erhalten dies, bei einem gedruckten Buch als kostenlose Zugabe auch als E-Book. Das kostet dich kein weiteres Geld, kommt aber bei den Kunden gut an. Zusätzlich schaffst du ein Portal, in welchem sich die Käufer deines Buches anmelden können, um hier die Best-Practice-Beispiele nachzuvollziehen. Somit erhältst du zusätzlich die Daten deiner Kunden, welche du für dein späteres Marketing verwenden kannst. Die Video-Dateien kannst du ebenfalls als separates Angebot präsentieren und deinen Kunden die Möglichkeit bieten, diese zusätzlichen und hilfreichen Inhalte ebenfalls zu erwerben. Ähnlich kannst du mit deinen Projektdaten vorgehen. Damit schlägst du zwei Fliegen mit einer Klappe. Zum einen kannst du die Kunden viel einfacher zum Kauf motivieren, da sie von deinem grundlegenden Produkt überzeugt sind. Zum anderen liegt der Einstiegspreis deines Produkts angenehm niedrig, sodass du eine große Zahl an Kunden anlocken kannst. Auch die zusätzlichen Leistungen sind in den Preisen für die Kunden attraktiv und laden somit zum Kauf ein. Würdest du alle Leistungen als Gesamtpaket zum Gesamtpreis anbieten, könntest du in der Regel bei weitem nicht solche Verkaufszahlen erreichen. Über die Preisgestaltung kannst du nicht nur die reinen Verkaufszahlen beeinflussen, sondern auch die direkte Zugänglichkeit deiner Produkte bei verschiedenen Zielgruppen.

Du siehst also, dass Upsells und Updates bei vielen Produkten von Vorteil sein können und dir helfen, deine Marktposition zu verbessern und die Kunden von dir und deinen Leistungen zu überzeugen.

Mehr Zeit für die Weiterentwicklung

Das Thema Zeit ist für Unternehmer sehr wichtig, denn die Konkurrenz schläft nicht und versucht immer, dir deine Marktposition streitig zu machen. Hast du ein Produkt entwickelt, welches von den Kunden gut angenommen wird, werden deine

Konkurrenten in der Regel versuchen, das Produkt oder das Prinzip des Produkts zu kopieren und somit einen Teil des Kuchens abzubekommen. Dank der Simplifizierung und der damit verbundenen Update- und Upsell-Möglichkeiten schaffst du dir ein bequemes Zeitpolster vor der Konkurrenz. Während diese noch daran arbeitet, dein Produkt oder Angebot zu kopieren, kannst du bereits auf angedachte und vorgeplante Funktionen und Erweiterungen zurückgreifen und dich bei Bedarf umfassend um die Entwicklung eines neuen Produktes kümmern.

Dieser zeitliche Vorsprung bietet dir ein enormes Entwicklungspotential. Daraus ergibt sich für dich, dass du dich praktisch permanent in einem Zustand der Produktentwicklung befindest und immer die verschiedenen Entwicklungsstadien der einzelnen Produkte im Auge behalten musst. Wenn du es einmal geschafft hast, dass sich dein Produkt und dein Unternehmen am Markt etabliert haben, musst du in der Regel nicht mehr alle Arbeiten alleine übernehmen. Ob das neue Designs für bestimmte Produkte sind, ob du besonders gute Software programmieren oder spezielle Dienstleistungen anbieten kannst, spielt dabei keine Rolle. Für alle Arbeiten in deinem Unternehmen kannst du über kurz oder lang passende Dienstleister finden, welche die Arbeiten übernehmen und dich entlasten. Die Grundlage für diese Möglichkeiten ist und bleibt eine erfolgreiche, schnelle und zielorientierte Produktentwicklung mit entsprechendem Erweiterungspotential. Denn ein funktionierendes, von den Kunden akzeptiertes und stark nachgefragtes Produkt, welches bereits weitere Entwicklungen und Erweiterungsmöglichkeiten in sich trägt, ist die Grundlage für deinen wirtschaftlichen Erfolg. Mit diesem in der Hinterhand kannst du anschließend dein Unternehmen erweitern und Aufgaben und Arbeiten viel effektiver delegieren und dich auf deine Kernkompetenzen konzentrieren.

PRODUKTENTWICKLUNG

Die klassische Produktentwicklung nach dem Stage-Gate-Modell

Das Stage-Gate-Modell ist ein Prozessmodell zur Innovations- und Produktentwicklung, welches von Robert Cooper etabliert wurde. Die Produktentwicklung wird in einzelne Abschnitte – Stages - unterteilt. Zwischen den einzelnen Abschnitten befinden sich die sogenannten Gates, welche als Meilensteine definiert werden. Nach jedem Abschnitt der Entwicklung wird am Gate anhand von vorher definierten Kriterien die weitere Vorgehensweisen bei der Entwicklung definiert. Dieses ist Modell sehr geradlinig und wenig flexibel. Für feste Produktlinien eignet sich dieses Modell gut, für eine effiziente Produktentwicklung in einer modernen Entwicklungsumgebung gibt es bereits seit vielen Jahren bessere Modelle.

Die Möglichkeiten der ad-hoc-Prototyp-Entwicklung

Die Grundlage für eine effektive Entwicklung von Modellen, Prototypen und Produkten ist eine hohe Ausführungsgeschwindigkeit und eine immer wieder mögliche Veränderung der vorherrschenden Strukturen. Das bedeutet aber auch, dass viele Produkte, welche nach diesen Kriterien entwickelt werden, sich über einen langen Zeitraum in einem andauernden Entwicklungsprozess befinden, selbst wenn der Verkauf der Produkte bereits begonnen hat. Dies ist für dich eine sehr gute Chance und Möglichkeit, da du in einem solchen Entwicklungsumfeld nicht von festen und starren Regeln und Verhaltensmustern ausgebremst wirst, sondern deine Kreativität umfassend und produktiv einsetzen kannst. Zudem bieten diese Modelle die Möglichkeit, die Produkte auch im laufenden Betrieb zu verändern und auf Kritiken und Probleme schneller reagieren zu können. Somit zeigt sich dein Unternehmen angenehm flexibel und vor allem in der

Lage, bei Veränderungen des Marktes schnell und passend zu reagieren. Ein nicht unwichtiges Element, wenn man die häufigen Schwankungen in vielen Marktbereichen bedenkt.

Agile Produktentwicklung optimal für Startups und Gründer

Startups und junge Unternehmen haben in der Regel weder die Möglichkeiten noch das entsprechende finanzielle Polster, um langwierige Entwicklungsprozesse unbeschadet zu überstehen. Das bedeutet auch, dass die Entwicklungsprozesse innerhalb solcher Unternehmen in der Regel iterativ stattfinden. Im Klartext ist hiermit eine Entwicklung in Schleifen gemeint, bei welcher die verschiedenen Testergebnisse und Kunden-Rezensionen mit in die Produktentwicklung einfließen und sich das Design sowie der Aufbau der Produkte fließend entsprechend der Ansprüche entwickeln. Das klingt zunächst anspruchsvoll und anstrengend, ist aber für die meisten kleinen Unternehmen die optimale Wahl. Denn die Kunden und Zielgruppen können exakt und zielgerichtet in den Entwicklungsprozess einbezogen werden, was der Qualität der Produkte und somit auch den späteren Absatzzahlen stark zugutekommt.

Dank der Nutzung digitaler Technologien und der Integration der verschiedenen Instrumente in den meisten Startups und aktuellen Gründungen, können Feedback-Möglichkeiten viel einfacher erhoben und ausgewertet werden, was die Prozesse nochmals deutlich beschleunigt und finanziell entlastet. Für dich als angehenden Unternehmer bieten solche Prozesse viele Vorteile, sowohl auf der planerischen Ebene als auch im Bereich der optimalen Produktentwicklung anhand von Prototypen und Mustern. Die direkte Einbeziehung deiner Kunden in den Planungs- und Entwicklungsprozess kann vor Irrtümern und Fehlern bewahren und zugleich für eine klare Fokussierung auf das Wesentliche sorgen.

Das Lean-Modell in der Produktentwicklung

Junge Unternehmen und Startups verlassen sich sehr häufig und mit wachsendem Erfolg auf das sogenannte Lean-Modell. Dieses kann sowohl für das Lean-Management als auch für die Lean-Produktentwicklung verwendet werden. Der Begriff Lean wird dabei aus dem englischen entlehnt und mit der Bedeutung „schlank" übersetzt. Der Fokus bei diesem Modell liegt auf einer geringen Kapitaldecke und somit einer schnellen und effizienten Führung von der Idee bis zur Marktreife des Produktes. Dabei spielt sowohl die Herstellung des Produktes und verschiedener Prototypen als auch der schnelle Zugang zum Markt und das Kundenfeedback eine wichtige Rolle. Für dich ist das Lean-Modell die richtige Wahl, da du innerhalb kürzester Zeit und mit möglichst geringem Risiko dein Business zum Erfolg führen möchtest. Das bedeutet, dass du alle zur Verfügung stehenden Mittel nutzen solltest, um schnelle Erfolge zu erzielen.

Das Lean-Modell unterscheidet sich sehr stark von der klassischen Produktentwicklung und bietet dir die Möglichkeit, auch im Rahmen eines kleinen Unternehmens schnelle Erfolge zu erzielen. Wenn du dich genauer und umfassender mit dem Lean-Modell für Startups auseinandersetzen möchtest, dann solltest du den Bestseller von Eric Ries „The Lean Startup: How Today's Entrepreneurs Use Continuous Innovation to Create Radically Successful Businesses" lesen. Dieser vermittelt dir die genaue Übertragung des Lean-Management-Ansatzes auf das gängige Startup-Modell und zeigt dir die grundlegenden Theorien. Bis heute sind viele Möglichkeiten und Methoden weiterentwickelt worden. Wir zeigen dir im Folgenden, wie du die verschiedenen Ansätze für eine schlanke Produktentwicklung effektiv einsetzen kannst.

Rapid Prototyping und seine Vorteile

Wenn dein Geschäftsmodell auf physischen Produkten aufbaut, solltest du Prototypen entwickeln und testen, bevor dein Produkt in Serie geht. Hierfür bietet sich das Rapid Prototyping an. Durch die modernen Entwicklungen im 3D-Druck und im selektiven Laser-Sintern konnte sich dieses Verfahren weltweit etablieren.

Anstatt wie bisher verschiedene Einzelteile eines Produktes zu erwerben und diese im schlimmsten Fall in Handarbeit zu verbinden, können nun auch komplexe Strukturen im 3D-Drucker schnell und einfach erstellt werden.

Dies kommt dir vor allem bei allen Produkten zu Gute, welche als reale Produkte an die Kunden verkauft werden sollen. Mit dem Rapid Prototyping bist du in der Lage, sehr schnell benutzbare Prototypen herzustellen und schnell in die Produktion zu starten. Ein Beispiel: Du möchtest ein Bauteil anbieten, welches effektiv im Spritzgussverfahren hergestellt werden kann. Eine Entwicklung in diesem Bereich kostet oftmals viel Zeit, weil die entsprechenden Formen hergestellt werden müssen. Jede Änderung an deinem Produkt ist also mit einem erheblichen Zeitaufwand verbunden, was einen schnellen Produkt-Launch verhindert. Wenn du jedoch deine Prototypen mit dem 3D-Drucker fertigen kannst, können diese von dir direkt überprüft und gegebenenfalls an Tester oder Kunden weitergereicht werden. Jede Veränderung kann direkt in dein Produkt einfließen. Erst wenn du mit dem Produkt zufrieden bist, lässt du deine Produkte in dem aufwändigeren Spritzgussverfahren herstellen lassen. Somit spart dir das Rapid Prototyping neben Geld, sondern auch Zeit bis zur Marktreife deines Produktes.

Die Skalierbarkeit sicherstellen

Ein großes Problem für viele Startups ist die Skalierbarkeit der eigenen Produktion. Bei digitalen Produkten ist dies in der Regel kein Problem. Wenn eine Software stärker gefragt ist, dann kann diese einfach und ohne viel Aufwand den Kunden angeboten werden. Doch bereits bei Dienstleistungen sieht dies schon deutlich komplizierter aus. Wenn das Unternehmen zunächst nur aus dir besteht und du eine Dienstleistung anbietest, welche am Markt noch nicht oder nur sehr begrenzt vertreten ist, kannst du dein Business mit deinem Geschäftsmodell nur bis zu einer gewissen Größe führen, ehe du gegebenenfalls Mitarbeiter einstellen und diese entsprechend schulen musst.

Bei realen Produkten wird dieses Problem nochmals zusätzlich verschärft. Denn die Produktionskapazität ist von vielen Einzelelementen abhängig, welche die Skalierbarkeit deutlich einschränken können. Zum einen sind deine Zulieferer gefordert, welche in der Lage sein müssen, die gewünschten Waren und Ressourcen in entsprechender Menge zu liefern. Zum anderen musst du die Lager- und Produktionskapazitäten haben, um die gewünschten Mengen zu liefern. Vor allem bei Produkten aus Eigenproduktion, welche in Handarbeit produziert oder zusammengesetzt werden, kann es hier schnell zu Problemen kommen.

Eine Lösung dieses Problems ist in der Suche nach den passenden Einzelteilen und Komponenten zu finden. Denn oftmals musst du nicht alle Elemente in deinem Produkt von Grund auf neu erfinden und selber herstellen, sondern in vielen Fällen kannst du auf bereits vorgefertigte Bauteile zurückgreifen. Oftmals bedarf es einer umfangreichen Suche, bis du passende Anbieter gefunden hast. Durch eine solche Auslagerung deines Produktionsprozesses kannst du dein Business oftmals steigern, ohne dabei allzu schnell an deine Kapazitätsgrenzen zu stoßen. Beachte, dass die Kosten für die Bauteile und die Einzelteile deutlich voneinander abweichen können. Wenn du mit diesem Kniff jedoch wertvolle Arbeitszeit sparst und somit dein Produktionsvolumen nachhaltig steigern kannst, rechnet sich eine solche Veränderung in den meisten Fällen.

Der Kunde als Tester: Effizienz für junge Unternehmen

Professionelle Produkttests kosten sowohl Zeit als auch Geld und sind für Startups und kleine Unternehmen oftmals nicht durchführbar. Das bedeutet, dass Fehler in den eigenen Produkten vorkommen können und werden. Kein Weltuntergang, wenn du es geschickt anstellst. Denn die Kunden, welche deine Produkte erwerben, können als Tester genutzt werden. Wichtig ist, dass den Kunden eine einfach zu bedienende und gut zugängliche Plattform für ihr Feedback geboten wird.

Du solltest Multiple-Choice-Auswahlboxen zu den verschiedenen Kriterien einsetzen, um die Probleme mit einem Produkt einfacher eingrenzen und die eingehenden Daten effektiver auswerten zu können. Außerdem sollte der Kunde noch Platz für Verbesserungsvorschläge oder Kritiken haben, um zur Verbesserung deiner Angebote beitragen zu können.

Selbstverständlich können schlechte Produkte oder Produktionsfehler schnell an deinem Ruf kratzen. Aus diesem Grund ist es bei dieser Form der Kundennutzung besonders wichtig, dass du dich als Unternehmen den Kunden gegenüber kulant zeigst. Gehe auf das Feedback ein, verspreche eine Verbesserung und tausche die Waren der Kunden anstandslos um. Somit kannst du dein Ansehen bei den Kunden mehr als nur stabil halten und den Markenwert deines Unternehmens verbessern. Dies kann gerade am Anfang dafür sorgen, dass die Margen deiner Produkte geringer als möglich für dich ausfallen, stärkt aber langfristig deinen wirtschaftlichen Erfolg und sorgt für treue und bringt somit auch kaufwillige Kunden. Das ist der Preis, den du dafür zahlen musst, dass die Kunden für dich die Testphasen deiner Produkte übernehmen und dir somit bares Geld sparen.

Keine Angst vor dem Unbekannten: Neuerungen entschlossen angehen

Die sehr kurzen Entwicklungsphasen neuer Produkte und die damit verbundenen Veränderungen an den einzelnen Produkten und Komponenten versetzen dich in die sehr angenehme Position, dass du auch innerhalb deines Unternehmens und deines Geschäftsmodells Neuerungen angehen und ausprobieren kannst. Kurze und intensive Entwicklungszeiten geben dir die Möglichkeit effektiver zu arbeiten und beispielsweise neue Ideen einfach auszuprobieren.

Somit kannst du schnell und vor allem effizient für eine gewisse Diversifikation in deinen Angeboten sorgen und gegebenenfalls neue Zielgruppen, neue Märkte und Vertriebsmöglichkeiten erschließen. Vor allem aber bietet dir die schnelle und rasante Entwicklung von Produkten und Ideen einigen Spielraum bei der Ausgestaltung deiner Arbeitszeit. So kannst du beispielsweise mehr Zeit ins Marketing und den Vertrieb investieren und somit dein Business schnell zu neuen Erfolgen führen.

Mit einer soliden Produkt-Basis und einem entsprechenden Kundenstamm musst du keine Angst vor Veränderungen oder Neuerungen haben, sondern kannst dich ganz auf die Erweiterung deines Unternehmens konzentrieren und daher noch effektiver und effizienter an deinem eigenen Erfolg arbeiten.

Schnelle und effektive Produktentwicklung bietet viele Vorzüge

Die effiziente Produktentwicklung unter Einbeziehung der Kunden und des Kundenfeedbacks bieten dir als Unternehmer einige nicht zu unterschätzende Vorteile. Diese solltest du stets im Blick behalten, wenn es darum geht, deine Produktionsprozesse zu verbessern oder an den unterschiedlichen Stellschrauben zu arbeiten. Besondere Vorteile sind unter anderem:

- Keine langen Wartezeiten bis zum Start deines Unternehmens
- Schnelle Veränderungen an Produkten sind jederzeit möglich
- Effizienzsteigerungen bei der Produktion können sofort in Angriff genommen werden
- Du kannst auf Konkurrenten schneller reagieren
- Produktionskosten können oftmals deutlich gesenkt werden
- Die simultane Produktion mehrerer Produkte ist problemlos möglich
- Neu- und Weiterentwicklungen können beschleunigt werden
- Du hast jederzeit die volle Kontrolle über deine Produktion und deren Skalierbarkeit

Schneller zur Marktreife dank erfolgreicher Modellphasen

Wenn du eine schnelle und effiziente Produktentwicklung bevorzugst und dabei, wie vorgeschlagen deine Kunden als Tester einsetzen kannst, dann bietet es dir die oben genannten Vorteile. Vor allem aber kannst du schnell eine neue Idee zur Marktreife führen oder Erweiterungen für deine Produkte in entsprechend schnellem Wechsel anbieten. Dies sind alles wichtige Elemente, um dein Unternehmen am Markt optimal zu positionieren und den Wert deines Unternehmens bei den Kunden zu steigern.

Ein weiterer, nicht zu unterschätzender Vorteil bei einem solchen Produktionsprozess liegt in der sehr hohen Flexibilität.

Während du bei einer guten neuen Idee in einem starren Produktionsprozess gezwungen wärst, diese zunächst hintenan zu stellen, kannst du mit deiner flexiblen Organisation und den kurzen Projektphasen schnell deine neue Idee in die Abläufe integrieren und beispielsweise parallel zwei oder mehr Produkte entwickeln und betreuen. Da die schnelle Produktion mit den direkten Tests bei den Kunden einhergeht, hast du ausreichend Zeit dein Portfolio zu schärfen und die notwendigen Verbesserungen vorzunehmen. Somit eröffnen sich dir oftmals ganz neue Möglichkeiten, welche in einer starren und festgelegten Entwicklungsumgebung nicht überlebt hätten. Da du der Kern deines Unternehmens bist, solltest du also auch dir zuliebe nicht zu sehr an festen Ritualen hängen, sondern bereit sein, dein Unternehmen jederzeit an neue Entwicklungen oder Veränderungen am Markt anzupassen.

Konkurrenzlos gut: Sei schneller als deine Konkurrenten

Deine schnelle und klar strukturierte Produktentwicklung bietet dir in den wachsenden Märkten einen ganz besonderen Vorteil, den es zu nutzen gilt. Denn in der Regel werden gute Produkte von der Konkurrenz schnell kopiert und entsprechend auf den Markt gebracht. Das bedeutet für dich: Selbst wenn du ein Produkt mit absolutem Alleinstellungsmerkmal entwickelt hast, wird dieses über kurz oder lang zu einem Produkt, welches von vielen Anbietern auf dem Markt angeboten wird. Damit kann Stillstand bei starker Konkurrenz schnell zu Problemen führen kann. Dank der sehr kurzen Entwicklungsdauer deines Produktes und der Möglichkeit, die verschiedenen Elemente und Funktionen zu verbessern und dein Produkt kontinuierlich zu erweitern, kannst du der Konkurrenz immer mindestens einen Schritt voraus sein. Vor allem aber kannst du deine Angebote entsprechend diversifizieren und dir somit neue Märkte erschließen, damit eine direkte Konkurrenzsituation nicht in jedem Fall dein Business bedroht. Lass dich auf keinen Fall durch potentielle Konkurrenten in deinem Feld verängstigen. Wenn diese bereits etabliert sind stehen die Chancen recht gut, dass diese noch nach traditionellen und oftmals langsamen Modellen arbeiten und somit nicht in der Lage sind dir technisch zu folgen. Dementsprechend ist eine moderne Ausrichtung dein Schild gegen starke Konkurrenten und kann dir dabei helfen, diese effektiv auszustechen und im Optimalfall sogar vom Markt zu verdrängen. Hinzu kommt, dass du in der Lage bist bei den Konkurrenten verschiedene Produkte zu sehen und deren Funktionen gegebenenfalls in deine Produkte zu integrieren. Solange du dein Alleinstellungsmerkmal behältst und die Kopie nicht zu augenscheinlich ist, kannst du auch hiermit Erfolge erzielen.

Verlängere die Lebensdauer deiner Angebote durch schnelle Marktreife

Jedes Produkt hat einen bestimmten Lebenszyklus und eine gewisse Lebensdauer. Damit ist nicht die Nutzbarkeit durch die Kunden gemeint, sondern die Lebensdauer des Kundenverlangens. Neue Produkte werden am Anfang oftmals enorm stark nachgefragt, aber nach einigen Jahren wird dieser Trend rückläufig und die Kunden sind gesättigt. Das ist kein neues Problem, aber eines, mit welchem du dich möglichst frühzeitig beschäftigen solltest. Dadurch, dass du deine Produkte kontinuierlich verbessern und erweitern kannst, ist es dir problemlos möglich, die Lebensdauer deiner Produkte nachhaltig zu verlängern und somit einen komfortablen Puffer zu schaffen. Diesen verbesserten und verlängerten Zeitraum kannst du effektiv nutzen, um beispielsweise für deine Produkte neue Märkte und Zielgruppen zu erschließen, um Marktforschung zu betreiben und neue Produkte zu entwickeln. Je mehr Arbeit du hier investierst und je effektiver du die vorhandene Zeit nutzt, umso größer kannst du wachsen und umso erfolgreicher kann sich dein Unternehmen am Markt behaupten.

Partner und Zulieferer bei der Produktentwicklung

Je nach Art deines Produktes spielen Partner und Zulieferer eine entscheidende Rolle für dein Unternehmen. Schließlich bist du im ungünstigsten Fall von ihren Leistungen und ihren Lieferungen abhängig und musst dein Unternehmen in Teilen nach den entsprechenden Vorgaben ausrichten. Da es nur wenige Bereiche gibt, in welchen ein einzelner Produzent oder Lieferant eine Monopolstellung innehat, hast du in der Regel die Wahl zwischen verschiedenen Anbietern. Bei der Auswahl deiner Partner spielen verschiedene Faktoren eine Rolle, welche dich bei der Entscheidung maßgeblich beeinflussen werden. Wenn du auf diese Punkte achtest und diese in deine Berechnungen und Erwägungen mit einfließen lässt, kannst du dich in der Regel auf die Qualität deiner Zulieferer verlassen.

Insgesamt gibt es sieben verschiedene Punkte, welche du bei der Auswahl von Partnerschaften und Zulieferern auf jeden Fall beachten solltest. Vor allem kleine Unternehmen und Startups sind auf die Qualität ihrer Partner angewiesen.

1. Die Partnerschaft muss sich für beide Parteien lohnen

Als kleines Unternehmen kannst du in der Regel noch keine großen Sprünge wagen und dein Handelsvolumen ist zu klein, als dass dich viele Unternehmen als strategisch wichtigen Partner anerkennen. Hier heißt es aktiv zu werden und die Unternehmen von den Vorteilen einer Partnerschaft zu überzeugen. Gute Argumente könnten beispielsweise die Erschließung neuer Märkte oder neuer Vertriebskanäle sein, welche für das andere Unternehmen Vorteile bieten und bei entsprechender Entwicklung diese noch vertiefen.

2. Referenzen sind enorm wichtig

Auch wenn dies zunächst wie eine Selbstverständlichkeit klingt, so vergessen viele junge Unternehmer diesen Punkt bei der Auswahl der passenden Partner. Denn vollmundige Versprechen, vor allem gegenüber einem Startup sind schnell gegeben. Wer jedoch die Referenzen überprüft und sich so ein Bild vom anderen Unternehmen machen kann, wird deutlich weniger Enttäuschungen erleben. Denke daran: Auch auf dem Markt gibt es schwarze Schafe. Lieber einmal mehr deine möglichen Partner kontrollieren, dafür aber von deren positivem Geschäftsgebaren profitieren.

3. Informationsbeschaffung

Die Auswahl eines passenden Partners oder Zulieferers sollte nur auf Basis guter und verlässlicher Informationen erfolgen. Nutze die Möglichkeiten, welche dir Fachzeitschriften, Fachmessen oder auch das Internet bieten und recherchiere über die verschiedenen Angebote der einzelnen Firmen und über deren Stellenwert am lokalen oder globalen Markt. Nur durch den Vergleich von Angeboten, Preisen und Konditionen kannst du den perfekten Partner für dein Unternehmen finden. Diese Arbeiten solltest Du nicht nur zu Beginn der Produktion durchführen, sondern auch regelmäßig im laufenden Betrieb. Denn neue Konkurrenten am Markt, veränderte Rohstoff-Preise oder auch verbesserte Herstellungsbedingungen können die Preise durchaus beeinflussen. Wer dann in festen Verträgen bleibt und nicht rechtzeitig wechselt, verschenkt bares Geld.

4. Gehe Schritt für Schritt voran

Viele junge Unternehmer stürzen sich mit vollem Elan in ihr Unternehmen und scheuen für den wirtschaftlichen Erfolg kein Risiko. Das dieses Verhalten nicht immer von Erfolg gekrönt ist, steht außer Frage. Deine Partner sollten also in der Lage sein, dich bei deiner Entwicklung zu unterstützen und beispielsweise das Handelsvolumen oder das Produktionsvolumen langsam zu steigern. Gerade in produzierenden Gewerben wird häufig von den drei Schritten zum Erfolg gesprochen: Kriechen, Gehen, Rennen. Wenn du versuchst zu rennen, bevor du überhaupt gehen kannst, benötigst du viel Glück bei deinem Versuch. Ein Unternehmen, welches auf einer soliden Basis bei den Grundlagen große Erfolge erzielen kann, wird in den meisten Fällen auch mit den schwierigeren Aufgaben am Markt fertig.

5. Sei nicht monogam

Das mag provokant klingen, ist aber im geschäftlichen Umfeld enorm wichtig. Sich nur auf einen Partner zu verlassen kann fatal für dich enden. Ein Beispiel. Wenn ein größerer und besserer Kunde kommt und deinem Partner ein entsprechend gut honoriertes Angebot macht, wird dieser dich in den meisten Fällen fallen lassen wie eine heiße Kartoffel. Doch auch ein Produktionsausfall bei einem Partner, beispielsweise durch ein Feuer in dessen Fabrik, kann schnell zu Problemen führen. Durch offene Partnerschaften mit mehreren Partnern und Zulieferern kannst du das Risiko für dich und dein Unternehmen minimieren und schneller auf unvorhergesehene Ereignisse reagieren. Natürlich zahlst du für geringere Abnahmemengen oftmals einen leicht höheren Preis, dies sollte dir deine Produktionssicherheit wert sein.

6. **Der direkte Kontakt ist entscheidend**

Gerade bei wichtigen Zulieferern und Partnern spielt das Vertrauen eine wichtige Rolle. Nutze das Telefon und E-Mail, um mit deinen neuen potentiellen Partnern ins Gespräch zu kommen. Wichtige Details und Regelungen können jedoch am besten in einem direkten Gespräch ausgehandelt werden. Versuche so viele direkte Kontakte wie möglich zu knüpfen, um Vertrauen aufzubauen und eine gute und strategisch wichtige Partnerschaft zu schmieden. Das bedeutet natürlich nicht, dass du jeden Zulieferer vor Ort besuchen musst, um die entsprechenden Verträge auszuhandeln. Das wäre weder wirtschaftlich noch logistisch sinnvoll. Allerdings kann bei strategischen Partnerschaften oder bei großen Händlern kann ein direkter Besuch vor Ort Wunder wirken. Hier kann es sich für dich lohnen, den Weg in Kauf zu nehmen.

7. **Sorge für die rechtliche Absicherung**

Geschäftsverträge sollten nicht aus einem Bauchgefühl heraus abgeschlossen werden. Wichtig ist, dass alle Konditionen im Vertrag umfassend erfasst sowie klar und deutlich definiert werden. Es kostet Geld, die rechtlichen Aspekte prüfen zu lassen, kann dir aber im schlimmsten Fall viele Probleme ersparen. Vor allem bei großen und entspre- chend umfassenden Verträgen und bei engen Beziehungen zu Zulieferern und zu Partnern ist die Konsultation eines entsprechenden Anwalts von Vorteil. Je besser und professioneller du dich absicherst, umso besser bist du vor Problemen geschützt und umso stärker kannst du dich auf dein Kerngeschäft konzentrieren.

Behalte den Markt im Auge und reagiere frühzeitig

Nicht alle geschäftlichen Partnerschaften sind von Dauer oder auf Dauer sinnvoll für dein Unternehmen. Je nach Entwicklung deiner Geschäftstätigkeit und abhängig von den Absatzzahlen deiner Produkte kann es durchaus sein, dass du dich früher als erwartet nach neuen Partnern umsehen musst. Je erfolgreicher du mit deinem Unternehmen wirst, umso eher wirst du dir um diesen Bereich wieder Gedanken machen müssen. Viele Zulieferer sind beispielsweise nicht in der Lage mit einer stark gesteigerten

Produktion Schritt zu halten und können somit eine Lieferung der benötigten Materialien nicht mehr garantieren. Während deine Zulieferer oftmals nicht vom Geschäft mit dir abhängig sind, kannst du im schlimmsten Fall deine Kunden verprellen, wenn du die versprochenen Produkte nicht im angegebenen Zeitraum produzieren und vertreiben kannst.

Bei der Auswahl deiner aktuellen und potentiellen Partner solltest du dich nach oben als auch nach unten orientieren. Dabei spielen sowohl der Preis als auch die Zuverlässigkeit und die garantierten Liefermengen an bestimmten und benötigten Produkten. Lege dir am besten eine entsprechende Tabelle oder Datenbank an, in welcher du für jedes Material die verschiedenen Zulieferer und deren Konditionen einträgst. Kommt es zu Problemen mit einem Zulieferer und du hast keine andere Wahl als zu wechseln, musst du nicht mehr lange recherchieren, sondern kannst die richtigen Alternativen direkt kontaktieren. Lasse dir die aktuellen Konditionen durchgeben und entscheide dich schnell und entschlossen. Somit kannst du Engpässen bei der Produktion vorbeugen und dein Business umfassend absichern.

Je größer dein Unternehmen wird, umso wichtiger wird eine solche Absicherung. Denn auch bei großen Unternehmen verzeihen die Kunden Lieferschwierigkeiten nur unter sehr begrenzten Bedingungen. Um dein Ansehen bei deinen Kunden nicht zu verspielen, solltest du also immer passende Zulieferer und Partner in der Hinterhand haben, welche in der Lage sind, bei Bedarf einzuspringen sowie deinen aktuellen und zukünftigen Bedarf zu decken. Wie bereits oben genannt ist Monogamie in solchen Partnerschaften ein echtes Problem und kann zu einer Gefahr für dein Unternehmen werden. Also versuche nach Möglichkeit immer zwei Zulieferer für jedes Produkt zu finden und mit diesen zu arbeiten. Somit bist du auf der sicheren Seite und beim Ausfall eines Zulieferers immer noch bestens abgesichert.

DER PREIS UND DIE PREISFINDUNG

Der Preis ist bei deinem Produkt von entscheidender Bedeutung für deinen Erfolg und sollte von dir nicht nach dem Bauchgefühl festgelegt werden. Bei der Preisgestaltung sollte eine optimale Balance entstehen. Zum einen muss der Preis deine Kunden ansprechen und diese zum Kauf animieren. Auf der anderen Seite muss der Preis aber auch so gestaltet werden, dass du von den Einnahmen gut leben und dein Business profitabel betreiben kannst. Du hast dir bei der Entwicklung deines Geschäftsmodells bereits umfassende Gedanken zur Preisgestaltung gemacht und in der Regel eine profitable Preisgrenze bestimmt. Nun werden wir ein wenig genauer und erarbeiten einen konkreten Preis.

Die Absatzmenge spielt bei der Preisgestaltung eine wichtige Rolle. Es macht einen deutlichen Unterschied, ob du pro Monat 15 Einheiten deines Produktes verkaufst oder 1500. Allerdings bieten 15 neue iPhones einen deutlich höheren Gewinn als 1500 Bonbons mit Einhorn-Aroma. Somit spielt der Wert deines Produktes eine wichtige Rolle. Als erstes berechnest du, welche Kosten für dich anfallen, um das Produkt zu fertigen und es dem Kunden zur Verfügung zu stellen. Bei einem festen und realen Produkt ist dies einfach. Die Kosten für die Materialien, für eventuelle Zulieferer und für die eigentliche Fertigung müssen addiert werden, um die Produktionskosten zu erhalten. Denke dabei daran, dass auch der Strom- und Wasserverbrauch, die eventuell notwendige Heizung des Arbeitsplatzes und weitere Faktoren mit hinzugerechnet werden müssen. So erhältst du einen ersten Betrag, welcher genau definiert, welchen Preis du aufrufen müsstest, um mit dem Produkt keinen Verlust zu machen.

Damit ist die Berechnung allerdings noch nicht abgeschlossen. Nun bedenke noch alle weiteren Kosten, welche für den späteren Verkaufsprozess anfallen werden. Das sind unter anderem gegebenenfalls die Hosting-Kosten für deine Landingpage und deine Webseite oder den Onlineshop, die eventuellen Kosten für die notwendige Software, die Anteile der Zahlungsdienstleister an den verschiedenen Zahlungen und die Kosten für den administrativen Wartungsaufwand. Addierst du diese Kosten zu den Produktionskosten, kommst du dem realen Wert deines Produkts schon sehr nah. Doch mit diesem Preis wirst du vielleicht deine Kunden begeistern, aber auch schneller als es dir lieb ist dein Unternehmen an die Wand fahren. Du möchtest schließlich nicht kostendeckend arbeiten, sondern musst selber auch leben, Miete zahlen und deine Freizeit genießen. Hinzu kommt, dass es für ein junges Unternehmen sinnvoll ist, Rücklagen zu bilden und somit für eine gewisse Absicherung zu sorgen. Der Preis und die Ausgestaltung desselben nimmt also eine sehr große Rolle in deinen Überlegungen ein und muss ent- sprechend gut und vor allem umfassend bedacht werden. Aus diesem Grund widmen wir dem Preis einen relativ großen Abschnitt in diesem Kapitelabschnitt, da dieser für viele Elemente der Produktentwicklung ausschlaggebend ist.

Der passende Aufschlag auf deinen Verkaufspreis: Ein schwieriges Thema

Bei diesem Thema ist es sehr schwer, konkrete Ratschläge zu geben, da diese stark von der Art des Produkts und von dessen grundlegendem Preissegment abhängig sind. Die Preisaufschläge sind bei günstigen Produkten für den Massenmarkt in der Regel gering, während bei hochpreisigen Produkten, wie beispielsweise Autos, Computern oder Smartphones, hohe Aufschläge realistisch sind. Dies liegt vor allem an der Menge der erwarteten Verkäufe. Ein Produkt, welches nur 10-mal pro Monat von den Kunden gekauft wird, muss entsprechend teuer verkauft werden, um ein realistisches Auskommen des Verkäufers zu sichern. Ein Produkt, welches 1.000-mal über die Ladentheke wandert, kann dir eine deutlich niedrigere Marge bieten und dennoch äußerst profitabel sein.

Ein guter und durchaus sinnvoller Ansatz ist zunächst die Analyse der Konkurrenz und ähnlicher Konkurrenzprodukte. Hier kannst du bereits einen Preisrahmen abstecken, welcher für dein Produkt und dein Angebot in Frage kommen könnte. Nun musst du ausrechnen, wie viele Produkte du pro Monat verkaufen müsstest, damit das Geschäft für dich profitabel ist und du ein ausreichendes Einkommen mit deinem Business realisieren kannst. Ist die Anzahl an Verkäufen realistisch und glaubst du diese Verkaufszahlen schnell erreichen zu können, so bietet sich dieser Preis für dich an. Oftmals kann es sogar helfen den Preis ein wenig niedriger oder höher zu staffeln, um bestimmte Zielgruppen besser bedienen und somit die Verkaufszahlen in die Höhe schnellen zu lassen. Diese Möglichkeiten sind allerdings sehr nah an der Praxis und müssen von dir im laufenden Betrieb ausgetüftelt werden. Hier gibt es keine sinnvollen Modelle, welche dir gute Dienste leisten können.

Die Preisgestaltung als Erfolgsfaktor für deine Angebote

Die Preise deiner Waren und Produkte spielt jedoch nicht nur für deinen wirtschaftlichen Erfolg eine große Rolle, sondern auch für die Zukunft deines Unternehmens. Denn über die Preisgestaltung lässt sich unter anderem auch die gewünschte Zielgruppe genauer definieren, was die Ausrichtung deines Unternehmens und deines Markenkerns prägen kann. Hier wieder einige Beispiele aus der Wirtschaft: Betrachten wir nochmals die Marke Apple. Diese hat sich seit langer Zeit am Markt etabliert und einen treuen Kundenstamm. Die iPhones und iPads des Unternehmens sind hochwertig verarbeitet und von guter Qualität, werden aber – wie aus den verschiedenen Medien bekannt geworden – zu enorm günstigen Preisen in Asien gefertigt. Dennoch sind sowohl iPhone als auch iPad enorm teuer und liegen preislich oftmals deutlich über den Preisen der Konkurrenz. Erst seit wenigen Jahren versuchen sich auch Hersteller wie Samsung in diesem Segment der Oberklasse zu positionieren und entsprechende Geräte mit ähnlicher Preisstruktur anzubieten. Doch trotz der hohen Preise und der vergleichsweise großen Konkurrenz auf dem übersättigten Markt gibt es bei praktisch jedem neuen Release eines iPhones lange Schlangen vor den Apple-Stores, in welchen die Menschen für ein neues Gerät anstehen. Apple hat es geschafft sich als exklusive Marke zu etablieren, deren Kunden den aufgerufenen Preis für die Produkte kaum hinterfragen. Hinzu kommt, dass Apple-Geräte oftmals über einen sehr hohen Wiederverkaufspreis verfügen und nur einen geringen Wertverlust im Laufe der Zeit aufweisen.

Ähnliche Effekte kannst du auch auf dem Automarkt beobachten. Während der Golf von VW in den vergangenen 34 Jahren

29-mal das meistverkaufte Auto in Europa war, können Sportwagenhersteller von diesen Absatzzahlen nur träumen. Dafür sind die Fahrzeuge in einem deutlich teureren Segment angesiedelt sind und dementsprechend mit viel höherer Marge verkauft.

Du siehst, wohin uns diese Beispiele führen. Du allein kannst über den Preis und die Qualität deiner Angebote bereits entscheiden, wohin die Reise deines Unternehmens gehen soll. Möchtest du den sicheren Massenmarkt bedienen und deine Produkte zu attraktiven Preisen anbieten, sodass du hohe Absatzzahlen realisieren kannst und eine sehr breite Zielgruppe ansprichst oder suchst du eher nach exklusiven Käufern? Ein kleinerer Kundenkreis mit hohen Preisen und einer entsprechenden Marge ist für viele Unternehmer natürlich verlockend. Allerdings steigt auch der Anspruch der Kunden an das Produkt und das notwendige Marketing deutlich an. Es ist also eine Medaille mit zwei Seiten, welche hier zu Disposition steht. Die Erfahrung zeigt, dass es oftmals sinnvoll ist zunächst den Massenmarkt zu bedienen und die sichere Variante zu wählen, um später mit ausgewählten Produkten oder mit besonderen Features den exklusiven und hochpreisigen Markt zu erobern. So lassen sich Fehlschläge deutlich einfacher wegstecken, wenn eine solide Unternehmensbasis besteht und die grundlegende Zielgruppe schneller und leichter motiviert werden kann.

Addons und Boni für Kunden — eine effektive Möglichkeit der Kundenbindung

Es ist sinnvoll dein Produkt umfassend zu monetarisieren, um das Einkommen deines Unternehmens zu stärken. Wie bereits im Bereich der Simplifizierung beschrieben, kannst du Teile deines Produkts als Erweiterung und Upsell anbieten und somit mehr Einnahmen generieren.

Doch damit nicht genug. Wir hatten als Beispiel einen Ratgeber herangezogen. Dieser wird in gedruckter Form und als E-Book verkauft. Wer jedoch den Ratgeber in gedruckter Form kauft, erhält vom Unternehmen das E-Book gratis dazu. Dies kostet dich als Unternehmer nicht viel Geld, wirkt aber auf die Kunden enorm förderlich. Denn diese wissen um den normalen Verkaufspreis des E-Books und haben sich für ein anderes Produkt entschieden. Das E-Book ist somit ein Bonus, welcher exklusiv an die Käufer der Druckversion ausgeliefert wird. Damit bringst du deinen Kunden eine gewisse Wertschätzung entgegen, was deiner Marke und deinem Unternehmen bei den Kunden einen guten Ruf einbringt. Du musst also nicht zwingend aus allen Produkten und Angeboten immer das monetäre Maximum herausholen, um einen Vorteil für dein Unternehmen zu generieren. Viel wichtiger ist es die Gesamtzusammenhänge zu sehen und diese in die richtige Relation zu setzen. Denn Addons und Boni für deine Kunden sind wichtige Marketing-Strategien, welche du effektiv einsetzen kannst, um deine Kunden langfristig an dein Unternehmen zu binden und um die Kundenzufriedenheit deutlich zu verbessern.

Welche Elemente deiner Produkte du an deine Kunden und deine Zielgruppe kostenfrei abgibst, welche Elemente du besser monetarisierst und welche du dir beispielsweise für eine Erweiterung deiner Produkte aufhebst, hängt vor allem von der Natur deines Produktes und deiner Angebote ab. Agiere auch hier nicht aus dem Bauch heraus, sondern kalkuliere mit verlässlichen Zahlen. Bestimme für alle Elemente realistische Preise und versuche die potentiellen Absatzzahlen zu kalkulieren. Im Idealfall kannst du deinen Kunden Produkte als Bonus anbieten, welche zwar für die Kunden einen guten Nutzen haben, von diesen aber al- ler Wahrscheinlichkeit nach nicht separat gekauft worden wären. Somit verschenkst du nur ein Minimum an Verkaufspotential für eine nicht zu unterschätzende Wirkung auf deine Kunden.

Hinterfrage dein Geschäftsmodell kritisch

Als du dein Geschäftsmodell entwickelt hast, spielten die Kosten für das einzelne Produkt eine wichtige Rolle. Nun jedoch, nachdem du dein Produkt entwickelt hast und es im Optimalfall sehr einfach und ausbaufähig gestaltet hast, solltest du nochmals einen direkten Blick auf die Preisgestaltung beziehungsweise die Ausgestaltung deines Erlösmodells werfen. Denn dank der sehr großen Bandbreite an unterschiedlichen Modellen kannst du mit verschiedenen Modellen auch unterschiedlich erfolgreich agieren. Das effektivste Ertragsmodell zu finden ist eine schwierige Aufgabe, muss aber nicht dein zentrales Anliegen sein. Denn Ertragsmodelle können auch im Laufe der Zeit wechseln oder sich zumindest nachhaltig ergänzen, um die Gewinne für das Unternehmen zu optimieren. Grundsätzlich solltest du dir allerdings Gedanken machen, mit welchem Grundmodell du beginnen möchtest.

Bleiben wir nochmals bei dem Buchprojekt. Du kannst deinen Ratgeber in gedruckter Form für den Betrag X anbieten. Dieser Betrag ist hoch genug angesetzt um die Kosten zu decken und deine Einnahmen abzusichern. Allerdings ist diese Summe X für ein Buch ein stolzer Preis, sodass nicht jeder interessierte Kunde in der Lage ist sich das Buch zu leisten. Das ebenfalls angebotene E-Book ist zwar ein wenig günstiger, aber nicht so günstig, dass sich an der vorhandenen Situation etwas ändern würde. Somit würde eine ganze Menge an Potential nicht ausreichend ausgeschöpft, da nur ein sehr kleiner Teil der möglichen Zielgruppe erfasst werden könnte. Durch eine Veränderung des Ertragsmodells lassen sich solche Dinge jedoch umgehen. So könntest du beispielsweise das E-Book in mehrere kleinere Bücher und Ratgeber aufteilen, welche aufeinander aufbauen und zu einem deutlich günstigeren Preis angeboten werden könnten. Deine Kunden würden sozusagen ein Abonnement-Modell nutzen können, um zu einem geringen Preis nach und nach die Leistungen zu erhalten. Durch ein geschicktes Marketing könntest du sogar beide Modelle miteinander verbinden und somit effektiv ein sehr breites Kundensegment abdecken.

Diese Überlegungen kannst du bei deinem Geschäftsmodell in der Regel nicht von Anfang an überblicken. Aus diesem Grund ist ein Geschäftsmodell in der Regel nicht starr, sondern variabel, sodass du dich auf neue Situationen schnell und effektiv einstellen kannst. Hast du also dein Produkt entwickelt, es in allen möglichen Varianten erprobt und bist bereit für den Verkauf, solltest du immer einen abschließenden Blick auf dein Ertragsmodell werfen. Denn hier versteckt sich oftmals ein ungeahnt hohes Potential, mit welchem du dein Produkt oder dein Angebot noch attraktiver und stärker machen kannst. Zögere nicht, auch ungewöhnliche Modelle und Möglichkeiten zu prüfen und gegebenenfalls zu erproben. Wichtig ist, dass du zunächst einmal die Möglichkeiten auslotest und dir den nötigen Spielraum ein- räumst. Wenn ein Modell nicht ertragreich genug ist oder mehr Probleme schafft als es löst, kannst du dich immer noch von diesem Erlösmodell trennen und einen anderen Schwerpunkt setzen. Viele Modelle werden erst im Laufe der Zeit etabliert und entwickeln sich innerhalb eines Unternehmens beständig weiter, um perfektioniert zu werden. Dementsprechend ist es ein ganz normaler Vorgang, solche Änderungen auch im laufenden Betrieb zu vollziehen. Deine Kunden werden dies sogar häufig sehr gut verstehen können und sich über neue Möglichkeiten und neue Optionen freuen, welche du ihnen anbieten kannst.

Du hast die passende Idee: Setze sie schnell und effektiv um

Du hast alle Möglichkeiten in der Hand, dein Business effektiv und effizient zu gestalten und mit deinem Produkt und deinem Angebot den Markt zu erobern. Achte dabei auf die oben genannten Techniken und Möglichkeiten, suche einen guten Preis und ein gutes Erfolgsmodell für deine Geschäftstätigkeit und du bist bereit dein Business in die Tat umzusetzen. Wichtig ist, dass du dich umfassend mit deinem Produkt und deinen Konkurrenten beschäftigst und dir vor allem bereits jetzt Gedanken um die Weiterentwicklung deines Angebots machst.

Denn die Möglichkeit das eigene Business weiterzuentwickeln und sich mit seinem Geschäftsbetrieb auf die Anforderungen des Marktes und die Erschließung neuer Zielgruppen einzustellen ist essentiell für den geschäftlichen Erfolg. Natürlich bedeutet dies am Anfang eine nicht unerhebliche Belastung für dich, doch der Erfolg wird dir Recht geben und dich überzeugen. Je besser deine Basis bei deinen Produkten und Angeboten aufgestellt ist, je einfacher du auf eine gesteigerte Nachfrage reagieren kannst und je effektiver sich dein Produkt am Markt etabliert, umso größer sind die Gewinne, welche du durch deine Produkte erwarten darfst. Dabei spielt es keine Rolle, ob du ein festes physisches Produkt, ein digitales Produkt wie eine Software, ein E-Book oder eine Dienstleistung anbietest. Wichtig ist, dass du dein Produkt individuell gestaltest und an die Anforderungen und Wünsche deiner Zielgruppe anpassen kannst. Nutze deine ersten Kunden als Tester um die Produkttests zum größten Teil auszulagern. Wenn du flexibel genug bist, um schnell und nachhaltig auf Kritik zu reagieren und dein Produkt entsprechend anzupassen, kannst du in Sachen Geschwindigkeit und Performance locker mit den Großen der Branche mithalten.

Also zögere nicht lange und packe es an. Mit dem richtigen Produkt und entsprechend angepassten Verkaufsprozessen kannst du dein Business schnell ins Leben rufen und von den Früchten deiner Arbeit profitieren.

Wichtig ist, dass du eine klare und schlanke Produktentwicklung nutzt, um dich sauber von deinen Konkurrenten abheben zu können und um deine Marktposition geschickt zu verteidigen. Durch die Auswahl passender Erlösmodelle und durch eine geschickte Preispolitik kannst du zusätzlich die Nachfrage steuern und deinen wirtschaftlichen Erfolg in bares Geld verwandeln. Also leg los! Du hast bereits das nötige Wissen.

VERKAUF

Um dein Produkt nun auf dem Markt zu etablieren und es deinen Kunden zu ermöglichen, dein Produkt zu erwerben, benötigst du erstmal nur drei Elemente. Das sind zum einen deine Landingpage, über welche du dein Produkt vorstellen und verkaufen kannst, passende Produkttexte und Produktfotos und natürlich ein passendes Marketing, mit welchem du deine Zielgruppe auf die Existenz deines Produkts aufmerksam machen kannst. Dein Internetauftritt und das entsprechende Zahlungsabwicklungssystem bilden die Grundlage für deinen Verkaufserfolg und sollten von dir als erstes angegangen werden. Keine Angst, es gibt mittlerweile einige Angebote auf dem Markt, welche es dir erlauben, dies schnell, komfortabel und dennoch professionell zu erledigen. Mit guten Produkttexten und Produktbildern sprichst du deine Kunden an, kannst die Vorzüge deiner Angebote in den Mittelpunkt rücken und beim Kunden wichtige Kaufimpulse wecken.. In den letzten Teilen dieses Kapitels beschäftigen wir uns mit dem Marketing für dein Produkt bzw. dein Unternehmen und zeigen dir verschiedene Wege auf, sinnvolle und fruchtbare Kooperationspartnerschaften zu schließen und somit deine Reichweite zusätzlich zu erhöhen. Dabei konzentrieren wir uns vor allem auf Marketing-Lösungen, die sich bewährt haben, wenn der Kunde die zu verkaufenden Produkte nicht kennt bzw. noch keine entsprechenden Bedürfnisse hat, welche er mit deinem Produkt befriedigen kann (Push-Strategie). Besonders am

Anfang deiner Karriere werden Kunden nicht gezielt nach deinen Produkten und deinem Unternehmen suchen. Hier kannst du z. B. durch ein geschicktes Facebook-Marketing deine Produkte direkt an deine Kunden herantragen. Hast du dich erst einmal am Markt etabliert, fängst du an, dich um andere Marketing-Kanäle zu kümmern und deine Werbung zu diversifizieren. Hast du alle Punkte umfassend abgearbeitet, steht deinem Erfolg nichts mehr im Wege. Du hast das Produkt, die Infrastruktur und die Möglichkeit, deine Kunden effektiv zu erreichen und diese von deinen Angeboten zu begeistern.

DIE LANDINGPAGE: GRUNDLAGE FÜR DEN EFFEKTIVEN VERKAUF

Dein Internetauftritt ist für deinen Erfolg von entscheidender Bedeutung. Hierfür bietet sich eine Landingpage an, um deine Kunden von deinem Produkt zu überzeugen und sie dazu zu bringen, bei dir einen Kauf abzuschließen. Bei der Landingpage handelt es sich um eine Webseite, auf die man durch Anklicken einer Werbeanzeige gelangt. Du musst sowohl für die Sichtbarkeit als auch die Funktionalität deines Internetauftrittes Sorge tragen. Mittlerweile ist es glücklicherweise nicht mehr notwendig, dass du dich mit Auszeichnungssprachen wie z. B. HTML oder Programmiersprachen wie z. B. PHP auskennst, um einen eigenen Internetauftritt auf die Beine zu stellen. Es gibt einige Systeme, mit denen du ganz einfach per Drag & Drop beziehungsweise mit einem übersichtlichen Editor deine Landingpage gestalten kannst. Zwei Systeme sind bei Startups besonders beliebt. Einmal Clickfunnels, welches extra für diesen Zweck geschaffen wurde sowie WordPress, welches die höchste Verbreitung auf dem Markt hat und durch seine hohe Flexibilität zu überzeugen weiß. Für welche Variante du dich entscheidest, hängt nicht zuletzt von deinen Wünschen und Vorstellungen ab. Benötigst du nur eine Landingpage, über welche die Verkaufsabwicklung möglichst effizient ablaufen soll, ist Clickfunnels die richtige Wahl. Möchtest du jedoch eine möglichst hohe Flexibilität erreichen, gegebenenfalls später einen eigenen Onlineshop einrichten und auch einen zugehörigen Blog für ein besseres Marketing betreiben, ist WordPress die bessere Wahl. Wir stellen dir beide Systeme umfassend vor, zeigen dir, wie du mit wenig Aufwand eine gute Landingpage mit dem jeweiligen System erstellst und wo du dich intensiver mit den Systemen auseinandersetzen kannst und professionelle Hilfe findest.

Mit diesem Schritt steht deinem Markterfolg nichts mehr im Weg und du kannst dich vornehmlich um das Marketing und die Werbung für dein Produkt kümmern. Also zöger nicht lange, sondern entscheide dich für eines der beiden attraktiven und leistungsstarken Systeme Clickfunnels oder WordPress.

Eine Landingpage mit Clickfunnel erstellen

ClickFunnels ist optimal geeignet, um vollkommen ohne Vorkenntnisse eine eigene Landingpage für dein Produkt und dein Unternehmen zu erstellen. ClickFunnels macht es dir einfach, deine Seite mit wenigen Mausklicks zusammenzustellen. Hinzu kommt, dass du unter einer ganzen Reihe an professionellen Vorlagen auswählen kannst, um deine Landingpage noch professioneller und effektiver zu gestalten. Darüber hinaus bist du bei ClickFunnels nicht darauf angewiesen nur eine einzige Landingpage zu erstellen. So kannst du verschiedene Landingpages basteln und diese in einem Split-Testing problemlos hinsichtlich ihrer Effektivität miteinander vergleichen. Hinzu kommt die große Auswahl unterschiedlicher Vermarktungstypen und Abläufe, sodass du deinen Verkaufstrichter optimal auf dein Produkt und deine Zielgruppe ausrichten kannst. Mit ein wenig Übung kannst du eine neue Landingpage mit ClickFunnels innerhalb von gerade einmal 30 Minuten erstellen. Solltest du digitale Produkte wie Software oder E-Books verkaufen wollen, so kannst du über ClickFunnels auch die Auslieferung der Produkte ermöglichen.

Das ist Clickfunnel und so funktioniert das Prinzip

ClickFunnels ist keine Software, welche du installieren musst, sondern eine Plattform, über welche du direkt deine Landingpage beziehungsweise deinen Verkaufstrichter einrichten kannst. Du kannst dabei deine ClickFunnels-Seite problemlos mit deiner URL verknüpfen, sodass du die Seite problemlos unter deiner Wunsch-Domain erreichbar machen kannst. Die Nutzung von ClickFunnels ist kostenpflichtig und es werden unterschiedliche Pakete angeboten. Es besteht aber die Möglichkeit, das System 14 Tage unverbindlich zu testen und zu schauen, ob es dir zusagt. Für den Anfang und vor allem für ein kleines Startup genügt in der Regel das Standardpaket, bei welchem du mit relativ wenig Geld die Leistungen von Clickfunnel genießen kannst.

Da du bei der Gestaltung deiner Landingpage mit ClickFunnels vollkommen frei bist und dich an keine Vorgaben halten musst, ist dies besonders praktisch für kreative Geister, welche innovative Lösungen ausprobieren möchten. Ein Nachteil bei ClickFunnels ist die Bedienoberfläche, welche nur in englischer Sprache zur

Verfügung steht. Dennoch ist Clickfunnels auch mit rudimentären Englischkenntnissen für Anfänger geeignet und überzeugt durch seine gute und intuitive Bedienbarkeit.

Mit Clickfunnel mit wenigen Schritten zur fertigen Landingpage

Nachdem du dich bei ClickFunnels angemeldet hast, erstellst du als erstes einen Verkaufstrichter. Vom Dashboard aus klickst du hierzu einfach auf den Knopf „Add New Funnel". Im nächsten Schritt musst du definieren, welche Art von Trichter du erstellen möchtest. In deinem Fall einen , mit welchem du dein Produkt verkaufen kannst. Nun hast du wieder eine Auswahl zu tätigen. Möchtest du einen Trichter für den reinen Verkauf, für die Vorstellung eines neuen Produktes oder eine Seite für Mitglieder. Hier wählst du den „Sales Funnel" aus.

Nun kannst du deinem neuen Verkaufstrichter einen Namen geben und ihm einen Gruppen-Tag zuordnen. Der Gruppen-Tag dient zur Verbindung verschiedener Funnel miteinander, was später bei weiteren Produkten beziehungsweise weiteren Landingpages wichtig werden kann. Nur noch ein Klick und du hast deinen ersten Verkaufstrichter erstellt.

Anschließend kannst du im Dashboard deinen neuen Verkaufstrichter auswählen und diesen im Editor ganz bequem bearbeiten. Wichtig sind der Seitentyp und das Template. Der Seitentyp bestimmt den Zweck der Seite, wie beispielsweise die Verkaufsseite, die Thank-You-Seite oder verschiedene weitere Seiten. Ein Template ist eine Designvorlage, welche du für die jeweilige Seite verwenden und anpassen kannst. Da du bei Click-Funnels in einem bequemen Editor arbeitest, kannst du praktisch wie in Word deine Seite Stück für Stück an deine Wünsche und Bedürfnisse anpassen und diese mit Inhalten füllen.

ClickFunnels leitet dich Schritt für Schritt an und hilft dir auch bei der Integration verschiedener Zahlungsdienstleister, von E-Mails oder deiner eigenen Domain.

Vor- und Nachteile von Clickfunnel im Überblick

ClickFunnels bietet viele Vorteile für dich. Vor allem musst du dich absolut überhaupt nicht mit der Einrichtung von Webseiten auskennen, um dieses System nutzen zu können. Du erhältst bei

Clickfunnel bereits eine ganze Reihe an hochwertigen Vorlagen, welche du nutzen kannst, um deinen Verkaufstrichter und deine Landingpage noch schneller und professioneller zu gestalten. Mit ClickFunnels können deine Kunden von Haus aus deine Landingpage über ihr Smartphone oder ihr Tablet optimal nutzen (responsive Webdesign). Das gesamte System ist darauf ausgelegt, die Kunden in festgelegten Prozeduren durch deine Landingpage bis zum Verkauf zu führen. Hier ist ClickFunnels sehr effizient und erlaubt dir z.b. die Nutzung von Split-Tests, dem Vergleich von unterschiedlich aufgebauten Seiten hinsichtlich der Kundennutzung und Verkaufserfolge.

Doch wo Licht ist, ist auch Schatten. Zunächst einmal ist Click-Funnels nur auf Englisch erhältlich, sodass du zumindest über rudimentäre Englischkenntnisse verfügen solltest, um mit der Plattform sicher arbeiten zu können. Hinzu kommt, dass Click-Funnels nicht kostenlos ist, sondern du dich zwischen verschiedenen Paketen entscheiden musst. Das günstige Paket kostet etwa 100 $, während das umfangreichere Paket mit etwa 300 $ zu Buche schlägt. Vor allem für Startups ohne eine solide Kapitalgrundlage sind dies natürlich Kosten, die mit eingeplant werden müssen.

Ein weiterer negativer Punkt bei ClickFunnels ist die sehr eingeschränkte Auswahl bei den Zahlungsdienstleistern. Vollständig integriert ist hier nur der Anbieter ClickBank, welcher jedoch aufgrund seiner hohen Kosten für die meisten Neugründer nicht in Frage kommt. Die einzige Alternative auf dem Markt nennt sich Keap (Infusion Software, Inc.), ist aber nochmal teurer als ClickBank und somit für junge Unternehmen finanziell kaum zu stemmen. Eine manuelle Integration anderer Zahlungsdienstleister ist zwar möglich, aber mit sehr großem Aufwand verbunden und wird von uns nicht empfohlen. Denn ohne die entsprechenden Programmierkenntnisse lassen sich andere Zahlungssysteme in ClickFunnels nicht sauber und fehlerfrei integrieren.

Für künftige Profis: Hier findest Du viele Hilfen und Anregungen zu Clickfunnel

Wir haben beschrieben, wie du schnell und einfach deine eigene Landingpage über ClickFunnels erstellen kannst. Wir möchten dich an dieser Stelle noch auf einige, überwiegend englische Tutorials hinweisen, welche dir sowohl bei der Verbesserung deines Verkaufstrichters helfen, als auch die verschiedenen Funktionen von ClickFunnels näher erläutern.

Eine gute Übersicht über das Tool Clickfunnels für Online-Marketer kannst du dir bequem per Video ansehen. Leider ist die Zahl der Anleitungen und Tutorials auf Deutsch noch recht gering gesät. Daher möchten wir dir in jedem Fall die Hilfe-Seite von Clickfunnels ans Herz legen. Diese ist zwar in englischer Sprache aufgebaut, doch kannst du hier problemlos die verschiedenen Aspekte von Clickfunnels umfassend erklärt bekommen.

Diese Seite ist unter der Adresse docs.clickfunnels.com erreichbar und bietet eine Vielzahl an nützlichen und spannenden Informationen für dich.

Ein ebenfalls enorm umfangreiches Video-Tutorial zur Erstellung eines Clickfunnels findest du unter https://youtu.be/HBS3l5lOUA4

Eine Landingpage mit WordPress erstellen

WordPress ist ein mächtiges und leistungsfähiges System, welches sich optimal eignet, wenn du mit relativ wenig Geld und Zeit eine eigene Landingpage erstellen möchtest. Die vielen Templates für WordPress machen es dir sehr einfach, schnell eine funktionierende Website auf die Beine zu stellen. Hinzu kommt, dass sich WordPress wie ein Content Management System verhält. Das bedeutet, dass Design und Inhalt strikt voneinander getrennt sind. Dies ist ein großer Vorteil für dich, da du somit problemlos verschiedene Designs und Templates ausprobieren kannst, ohne dabei deine Inhalte zu gefährden oder diese jedes Mal neu eingeben zu müssen. Darüber hinaus stehen dir eine sehr große Anzahl an kostenfreien und kostenpflichtigen Plug-Ins zur Verfügung, sodass du die Leistungsfähigkeit und Optionen von WordPress enorm erweitern kannst. Zusätzlich gibt es eine sehr aktive und freundliche Community sowie eine ganze Reihe an Foren, welche dir ebenfalls bei Problemen oder Fragen mit Rat und Tat zur Seite stehen. Für viele Startups und Unternehmen ist WordPress das

Mittel der Wahl – egal ob ein Blog, eine Landingpage oder sogar ein gesamter Onlineshop realisiert werden soll. Somit steht dir nichts im Wege, um mit wenig Aufwand deine erste Landingpage mit Hilfe von WordPress zu erstellen und somit deine Karriere mit deinem eigenen Produkt zu beginnen.

Das ist WordPress und so funktioniert das Prinzip

WordPress wurde anfänglich als Blog-Software entwickelt und war lange Zeit bei Bloggern äußerst beliebt. Dies lag vor allem an der sehr guten Zugänglichkeit des Systems und der einfachen Ausgestaltung der einzelnen Seiten und Beiträge. Dank der großen Vielfalt an Möglichkeiten wurde das System immer beliebter. Nachdem die ersten Leute begannen, Plug-Ins für WordPress zu entwickeln und dessen Möglichkeiten nochmals deutlich zu erweitern, wurde das System für viele Unternehmen zu einer guten und vor allem leicht zugänglichen Alternative zu großen und komplexen Content-Management-Systemen. Heute ist WordPress das wohl am häufigsten genutzte System für Webseiten auf dem Markt und sowohl bei kleinen als auch größeren Unternehmen und vielen Privatpersonen beliebt.

Für dein Projekt eignet sich WordPress gleich aus mehreren Gründen besonders gut. Zum einen ist das gesamte System kostenfrei nutzbar. Du benötigst nur einen entsprechend konfigurierten Webspace und kannst dort das WordPress Paket problemlos und schnell installieren. Zum anderen ist das System äußerst intuitiv aufgebaut und seit Jahren immer wieder verbessert worden. Selbst ohne Kenntnisse in der Erstellung von Webseiten kannst du in WordPress ohne viel Aufwand beeindruckend aussehende Landingpages erstellen und diese schnell und effektiv einsetzen.

Darüber hinaus unterstützt WordPress auch responsive Webdesign, was es dir nochmals erleichtert, deine Zielgruppe anzusprechen, da deine Seite auf unterschiedlichen Endgeräten optimal dargestellt wird.

Mit WordPress mit wenigen Schritten zur fertigen Landingpage

Mit WordPress wirst du ein wenig mehr Zeit als mit Clickfunnels benötigen, um deine erste Landingpage zu erstellen, da das

Programm zwar intuitiv ist, du dich jedoch erst einmal einge-wöhnen musst. Zunächst einmal musst du eine WordPress-Ins-tallation auf deinem Webspace einrichten. Viele Hosting-Anbieter bieten mittlerweile eine automatische Installation von WordPress über ihr Backend an. Anschließend gilt es nun, deine Landing-page individuell zu gestalten. Da WordPress eigentlich ein Blog-ging-Tool ist, werden als Standard auf der Startseite die neuesten Beiträge angezeigt. Das möchtest du allerdings nicht, sondern du legst eine Landingpage fest.

Bei WordPress muss zwischen Beiträgen und Seiten unterschie-den werden. Beiträge können auf Seiten eingebunden werden und sind beispielsweise für Blogs hervorragend geeignet. Seiten sind starre Elemente, welche sich exakt nach deinen Wünschen und Bedürfnissen anpassen lassen.

Du hast nun zwei Möglichkeiten. Entweder arbeitest du dich in WordPress ein und erstellst somit Schritt für Schritt deine Landingpage, wählst ein Template für das Design aus und imple-mentierst ein passendes Zahlungsabwicklungssystem, oder du nimmst ein wenig Geld in die Hand und erleichterst dir das Vor-gehen deutlich. Kostenpflichtige Plugins wie OptimizePress oder auch der Thrive Content Builder erlauben dir eine extrem schnelle und elegante Erstellung von Landingpages in WordPress. Alter-nativ kannst du dich auch für ein Theme wie Divi entscheiden, welches ebenfalls einen eigenen Pagebuilder mit sich bringt und dir die Arbeit erleichtert.

Ist die Seite entsprechend deiner Vorstellungen aufgebaut, kannst du diese nun veröffentlichen. Somit kann deine Landing-page ab diesem Zeitpunkt genutzt werden. Der große Vorteil bei WordPress liegt vor allem darin, dass du deine Seite problemlos erweitern und weitere Landingpages erstellen kannst. Hinzu kommt, dass du später deine Seite für Suchmaschinen optimie-ren kannst (Suchmaschinenoptimierung – SEO) und somit deine Sichtbarkeit nachhaltig beeinflussen kannst.

Vor- und Nachteile von WordPress im Überblick

WordPress bietet dir als System viele Vorteilen, welche vor al-lem die hohe Flexibilität des Systems und die sehr gute Leistungs-fähigkeit betreffen. Du kannst mit WordPress nicht nur Landing-pages erstellen, sondern umfassende Webseiten, welche von dir mit den jeweils gewünschten Inhalten befüllt werden können. Dank des sehr umfangreichen Backends und den vielen Vorlagen und Templates kannst du auch ohne Vorkenntnisse schnell eine professionelle Landingpage erstellen. Hinzu kommt eine Vielzahl an kostenfreien und kostenpflichtigen Plugins, mit welchen du deine WordPress-Installation exakt an deine Wünsche und Anforderungen anpassen kannst. Viele Tools erlauben es dir, deine WordPress Landingpage SEO-konform zu optimieren und somit deine Sichtbarkeit nachhaltig zu verbessern. WordPress ist vollkommen kostenfrei und weist damit einen deutlichen finanziellen Vorteil gegenüber ClickFunnels auf. Gerade für Startups ohne Finanzpolster kann somit WordPress die bessere Wahl sein. Auch bei der Implementierung von Zahlungsanbietern und Zahlungssystemen weiß WordPress zu überzeugen. Hier kannst du dich für eine der günstigen und effektiven Lösungen entscheiden, welche wir dir später im Kapitel noch vorstellen werden und diese einfach und mit wenig Aufwand in deine Landingpage integrieren. Somit sparst du auch bei den Verkäufen auf deiner Landingpage über WordPress nochmals bares Geld.

Die Nachteile sollten aber auch nicht verschwiegen werden. WordPress ist die wohl am häufigsten eingesetzte Software für Blogs, kleine Webseiten und natürlich auch Landingpages auf dem Markt. Das bedeutet aber auch, dass diese Software im Fokus krimineller Elemente steht. Das heißt für dich, dass du sehr stark auf die Sicherheit deiner Installation achten musst und regelmäßige Updates notwendig sind. Hier kann es schnell zu Problemen kommen, wenn du beispielsweise viele Plugins eingebunden hast. Werden diese nicht ebenfalls rechtzeitig aktualisiert, kann es im schlimmsten Fall zum Ausfall des Plugins kommen, was dir gegebenenfalls die Landingpage zerschießen könnte. Aus diesem Grund ist es ratsam, sich vor allem auf kostenpflichtige Plugins zu verlassen, welche in der Regel innerhalb weniger Stunden ebenfalls per Update an die neue WordPress-Version angepasst werden.

Neulinge im Bereich der Landingpage-Gestaltung werden darüber hinaus von WordPress oftmals durch die reine Fülle an Funktionen erschlagen. Denn mit WordPress lassen sich die unterschiedlichsten Funktionen problemlos und effektiv abbilden, was jedoch einiges an Einarbeitungszeit erforderlich macht. Somit kostet es Zeit, sich vollständig in WordPress einzuarbeiten, was für viele Startups ein echtes Problem darstellen kann.

Für künftige Profis: Hier findest Du viele Hilfen und Anregungen zu WordPress & Co

WordPress ist enorm weit verbreitet und wird von vielen Marketern und Unternehmen verwendet. Kein Wunder, dass sich im Laufe der Zeit viele Tutorials und Foren entwickelt haben, welche dir in Zukunft helfen werden, deine WordPress-Landingpage noch weiter zu verbessern und zu verfeinern. Dabei kannst du sowohl in deutscher als auch in englischer Sprache auf schriftliche Anleitungen, af Videos und Foren zurückgreifen.

> Eine sehr gute und rege Community findest du beispielsweise im offiziellen WordPress-Forum unter
> www.wordpress.org/support

Hier kannst du Fragen zu WordPress, zu Plug-Ins und zu Themes stellen, die recht schnell und freundlich beantwortet werden.

> Eine große Auswahl an interessanten und hilfreichen Tutorials in englischer Sprache findest du unter anderem unter
> www.wpbeginner.com/category/wp-tutorials

Mit Hilfe dieser mehr als 200 Tutorials und Anleitungen kannst du deiner Landingpage den letzten Schliff verpassen oder deren Funktionen umfassend erweitern.

> Wenn du Video-Tutorials bevorzugst, dann findest du unter
> https://youtu.be/FlLppaGCn5Y
> ein Tutorial, welches dir den genauen Aufbau einer Landingpage unter WordPress mit einem passenden Theme genauer erläutert.

Du siehst also: Es ist gut möglich, sich in WordPress einzuarbeiten. Du findest zu praktisch jedem Thema eine umfangreiche Hilfe.

DAS OPTIMALE ZAHLUNGSABWICKLUNGSSYSTEM FÜR DEINE LANDINGPAGE FINDEN

Neben deiner Landingpage zählt noch ein weiterer wichtiger Faktor zur dringend benötigten Infrastruktur. Denn deine Kunden müssen über deine Landingpage nicht nur deine Waren und Produkte betrachten, sondern diese auch kaufen können. Hierfür wird ein passendes und professionelles Zahlungsabwicklungssystem benötigt, welches dir bei den Zahlungen hilft und vor allem den gesamten Prozess automatisiert. Dies ist wichtig, um bei den Kunden einen professionellen Eindruck zu hinterlassen und Absprünge der Kunden während des Kaufprozesses zu vermeiden. Je effektiver und einfacher eine Zahlung durch den Kunden durchgeführt werden kann, umso mehr lassen sich deine Kunden von einem Kauf überzeugen. Wir haben dir für deine Landingpage zwei unterschiedliche Zahlungsabwicklungssysteme herausgesucht, welche problemlos und schnell in eine Landingpage eingebunden werden können. Digistore24 und AffiliCon sind keine neuen Lösungen auf dem Markt, sondern bereits gut etabliert und werden von vielen Startups und Unternehmen in den unterschiedlichsten Größen verwendet. Dank der vielen positiven Erfahrungen mit den Anbietern kannst du dich nicht nur auf eine sehr lebendige Community verlassen, sondern auch eine ganze Reihe an Hilfestellungen und Tutorials finden, mit welchen du bei Fragen rund um die Plattformen optimal abgesichert bist.

Der Einbau der Zahlungsabwicklungssysteme ist kinderleicht. Du benötigst für beide Systeme wenig Zeit für die Installation und kannst anschließend deine Seite für den ersten Verkauf deiner Produkte vorbereiten.

Digistore24 als einfache Lösung für deine Webseite

Digistore24 bezeichnet sich selber als automatische Vertriebslösung. Mit diesem Tool kannst du den Vertrieb verschiedener Produkte deutlich vereinfachen, da sich das Programm um die benötigte Technik und die Verwaltung kümmert. Hast du dich bei Digistore24 angemeldet, kannst du dich als Verkäufer eintragen lassen. Nun musst du Produkte anlegen, damit diese von Digistore24 in deinem Auftrag verkauft werden können. Dies geschieht über das Menü der Hauptseite bei Digistore24. Über die Menüpunkte Konto - Produkte kannst du deine Produkte verwalten oder ein neues Produkt anlegen. Es folgt eine sehr große Auswahl an Menüpunkten, welche dir in Teilen wahrscheinlich fremd vorkommen. Das ist allerdings kein Problem, denn Digistore24 bietet ein umfassendes Hilfesystem an, welches die einzelnen Punkte und ihre Zusammenhänge sehr gut erklärt. Nun musst du das Bestellformular anlegen. Das ist die Seite, auf welche die Kunden weitergeleitet werden, nachdem sie auf deiner Landingpage auf den Kaufen-Button geklickt haben. Hier ist eine weitere Chance, einen perfekten Eindruck zu hinterlassen und deine Kunden vom endgültigen Kauf zu überzeugen.

Im nächsten Reiter legst du den Produktpreis und die Zahlungspläne fest. Das bedeutet, dass du hier nicht nur Komplettpreise, sondern beispielsweise auch Ratenzahlungen anbieten kannst. Dies kann bei besonders teuren Produkten sinnvoll sein, um die Käufer von einem Kauf zu überzeugen. Auch die Zahlungsmethoden kannst du in diesem Reiter festlegen. Digistore24 ist dort sehr gut aufgestellt und bietet unter anderem PayPal, Kreditkartenzahlung, Sofort-Überweisung, Vorkasse/Rechnung und das SEPA Lastschriftverfahren an.

Da Digistore24 als direkter Verkäufer auftritt, kann das System nur für digitale Produkte verwendet werden. Die Waren werden nach dem Kauf direkt an den Käufer übermittelt und das Geld auf das Digistore24-Konto eingezahlt. Deinen Anteil an den Einnahmen zahlt das Unternehmen in der Regel 14 Tage nach Verkauf aus, also nachdem die gesetzliche Rückgabefrist abgelaufen ist.

Vor- und Nachteile von Digistore24 für dich

Digistore24 ist besonders bei digitalen Produkten eine Erleichterung und kann dir viel Arbeit abnehmen. Zum einen kann das gesamte Programm optimal mit den verschiedenen Landingpages kombiniert werden, zum anderen lassen sich viele Funktionen für dich automatisieren. Viel wichtiger sind allerdings die verwaltungstechnischen Vorteile für dich. Dadurch, dass Digistore24 als Verkäufer auftritt und die Abwicklung der Verkäufe übernimmt, musst du dich um einige wichtige Punkte nicht mehr kümmern. Du brauchst die juristischen Elemente wie AGBs nicht selber bearbeiten, sondern kannst dies problemlos an Digistore24 auslagern. Digistore24 kümmert sich um die korrekte Versteuerung für die unterschiedlichen Länder. Sensible Kundendaten wie Zahlungsinformationen betreffen dich nicht, somit entfallen viele datenschutzrechtliche Richtlinien, welche du ansonsten einhalten müsstest. Hinzu kommt, dass Digistorc24 auch die Auslieferung deiner Produkte übernimmt und du dich auch hierbei um nichts kümmern muss. Und der wohl wichtigste Punkt: Du benötigst keinerlei Vorkenntnisse, um Digistore24 zu nutzen.

Allerdings gibt es auch Nachteile. Zum einen verdient Digistore24 an jedem Verkauf kräftig mit, was deine Marge bei einem Produkt deutlich senkt. Hinzu kommt, dass du das System nur für digitale Produkte verwenden kannst. Physische Produkte können mit diesem System nicht verkauft werden. Hier musst du ein alternatives System in Betracht ziehen, welches in vielen Dingen nicht so einfach wie Digistore24 zu integrieren ist.

So bindest du Digistore24 in dein System ein

Digistore24 ist ein vollkommen autarkes System, welches über eine eigene Plattform verfügt und über diese alle Verkäufe abwickelt. Dies bedeutet für dich, dass du auf der Plattform alle Einstellungen vornimmst und eine entsprechende Bestellseite beziehungsweise ein Bestellformular entwirfst. Die Verbindungzu deiner Landingpage ist denkbar einfach und simpel. Du musst deine Kunden nur über den „Kaufen-Button" direkt auf deine Verkaufsseite bei Digistore24 leiten, wo der restliche Verkaufsprozess abgeschlossen werden kann. Somit musst du das Zahlungsabwicklungssystem nicht in deine Landingpage integrieren und kannst es flexibel mit mehreren Landingpages verknüpfen.

Bei digitalen Produkten die wohl effektivste Möglichkeit, um die Zahlungsabwicklung für dich so angenehm und einfach wie möglich zu gestalten.

AffiliCon als einfache Lösung für deine Webseite

AffiliCon ist ebenfalls ein Zahlungsdienstleister, welcher dir die Möglichkeit bietet, den größten Teil deines Verkaufsprozesses auszulagern. Allerdings kannst du bei Affilicon nicht nur digitale, sondern auch physische Produkte verkaufen. Für diese musst du entsprechende Versandgebühren angeben, sodass du nach dem Verkauf das Produkt an den Endkunden versenden kannst. Grundsätzlich unterscheidet sich Affilicon im Aufbau nicht stark von Digistore24. Auch hier kannst du deine Produkte anlegen und eigene Bestellformulare und Bestellseiten erstellen. Der große Vorteil bei Affilicon ist die sehr einfache Gestaltung dieser Seiten im von dir gewünschten Look. Das bedeutet, dass du diese Seiten im gleichen Look deiner Landingpage gestalten kannst, was die Kunden deutlich weniger verunsichert.

Zunächst einmal musst du dich bei AffiliCon registrieren und als Vendor (Händle)r anmelden. Nun kannst du beginnen, deine Produkte einzustellen. Diese können verschiedenen Produktgruppen zugeordnet werden. Hier musst du aufmerksam sein, da durch die Produktgruppe die abgeführte Mehrwertsteuer festgelegt wird. Im nächsten Schritt kannst du nun das Bestellformular und die Bestellseite anlegen und den Preis für das Produkt bestimmen. Auch bei Affilicon kannst du verschiedene Zahlungspläne anlegen und die einzelnen Zahlungsmethoden bestimmen . Somit kannst du den gesamten Verkaufsprozess sehr bequem nach deinen Wünschen gestalten.

Vor- und Nachteile von AffiliCon für dich

AffiliCon bietet den großen Vorteil, dass du sowohl digitale als auch physische Produkte über diesen Anbieter verkaufen kannst. Die sehr hohe Individualisierbarkeit deiner Verkaufsseiten und die einfache Einbindung von AffiliCon in dein System erlauben dir eine sehr hohe Flexibilität. Hinzu kommt, dass du dich auch bei diesem Anbieter um viele verwaltungstechnische Aspekte nicht mehr kümmern musst. Du hast weder direkten Zugang zu den Zahlungsinformationen deiner Kunden noch musst du die Mehrwertsteuer für deine Produkte selbstständig abführen. Hinzu kommen weitere Vorteile, wie ein umfassendes Kunden-Tracking und eine sehr gute Auswertung der Verkäufe und Absprünge, sodass du bei Bedarf deinen Verkaufsprozess nochmals verändern und optimieren kannst. Darüber hinaus kannst du bei Affilicon nicht nur einzelne Produkte verkaufen, sondern über Cross-Selling und Upselling weitere Produkte im Verkaufsprozess bewerben. Eine deutliche Hilfe, wenn du beispielsweise bereits mehrere Produkte im Angebot hast.

Der Nachteil bei AffiliCon ist vor allem der Preis. Du zahlst bei jedem Verkauf eine Provision von 7 % des Verkaufspreises plus 1 € an den Anbieter. Ob sich diese Lösung lohnt, hängt vor allem von der Preisgestaltung deiner Produkte ab. Bei extrem günstigen Produkten kann der zusätzliche Euro ausschlaggebend für deine Rentabilität sein, während dieser bei entsprechend teuren Produkten kaum ins Gewicht fällt. Du solltest also im Vorfeld ausrechnen, welche Auswirkungen diese Provision auf deine Marge hat und bei Bedarf den Preis anpassen.

So bindest du AffiliCon in dein System ein

AffiliCon muss nicht direkt in dein System oder deine Landingpage eingebunden werden. Es ist eine eigene Plattform, über welche du deine Produkte anlegst, deren Preise festlegst und Bestellseiten und Bestellformulare erstellen kannst. Du kannst somit auf deine Bestellseite über deine Landingpage als auch direkt verweisen und somit die Käufer schneller ans Ziel bringen. Es genügt, wenn du auf deiner Landingpage den „Kaufen-Button" mit einer Verlinkung zum Bestellformular verknüpfst und die Kunden direkt weiterleiten kannst. Den Kunden fällt es weniger stark auf, wenn du das Design von Bestellseite und Bestellformular an dein bestehendes Design anpasst und dieses für diese Seite übernimmst. Somit geht der Verkaufsprozess oftmals reibungsloser von der Hand und wird von den Kunden einfacher akzeptiert. Wurde der Kauf abgeschlossen, erhalten die Kunden automatisch eine Rechnung und du wirst über den Kauf informiert. Bequemer geht es kaum.

Beispiele und weiterführende Tutorials zu AffiliCon

Der Anbieter AffiliCon selber bietet dir bereits eine umfassende FAQ-Sektion unter
www.affilicon.net/faq-haeufig-gestellte-fragen/
und zusätzlich eine sehr gute und vor allem strukturierte Hilfe-Seite.
Unter der Adresse
https://support.affilicon.net
findest du zu allen möglichen Themen wichtige Hilfestellungen oder kannst dich direkt an das Hilfecenter mit deinen Fragen wenden.

Der Support antwortet in der Regel sehr schnell und zuvorkommend. Wenn du lieber Video-Tutorials bevorzugst, so findest du eine ganze Reihe dieser Tutorials im Netz.

Angefangen bei den ersten Schritten auf AffiliCon (https://youtu.be/ADF68fjqhu0) über die Erstellung von Bestellformularen (https://youtu.be/9A1j9DOfwZs) bis zu Tutorials für Upsell-Möglichkeiten (https://youtu.be/GCe8d-jcxAwg).

DER VERKAUFSTEXT: HIER ENTSCHEIDET SICH DEIN KUNDE FÜR DICH UND DEIN PRODUKT

Ein guter und ansprechender Verkaufstext ist enorm wichtig. Innerhalb von Sekunden entscheidet sich, ob aus Besuchern Kunden werden oder ob diese deine Landingpage wieder verlassen. Du musst die Kunden bereits mit deiner Überschrift einfangen, ihre Neugierde wecken und ein Bedürfnis erzeugen. Es lesen ungefähr fünfmal mehr Menschen eine Überschrift, als den Text darunter. Das ist der aktuelle Durchschnitt. Das bedeutet für dich, dass du viel Energie und Zeit in einen perfekten Verkaufstext investieren musst, um mit diesem wirklich Erfolg zu haben. Ein Verkaufstext darf den Leser allerdings nicht überfordern. Gerade in der heutigen Zeit sind die Menschen es kaum noch gewöhnt lange Texte zu lesen. Sie schweifen zu schnell ab, lassen sich ablenken und sind für dich in diesem Fall als Kunden meist verloren. Aus diesem Grund sollten Verkaufstexte immer nach einem festgelegten Muster aufgebaut werden. Die wichtigsten Informationen müssen gebündelt am Anfang des Textes untergebracht werden. Hier kann sich der Leser sofort entscheiden, ob das Produkt oder die Dienstleistung ihn interessiert und ob er bereit ist, deinem Text weiter zu folgen.

Wichtige Tipps für den perfekten Verkaufstext

Es gibt sieben Punkte, welche über einen guten und erfolgreichen Verkaufstext entscheiden.

1. Überschrift

Diese muss den Kunden fesseln und ihn sofort in ihren Bann ziehen. Eine Überschrift sollte die Vorteile für deine Kunden in den Mittelpunkt stellen, seine Neugierde wecken und nach Möglichkeit eine Verknappung des Produkts in Aussicht stellen. Sei hierbei so konkret und spezifisch wie möglich. Zahlen und Fakten sind hier sehr hilfreich. Zwei Beispiele: „Mit diesem Buch werden Sie ihre finanziellen Probleme schnell bewältigen." Diese Überschriftist langweilig und nicht ansprechend. Alternativ klingt „Schulden? Finanzielle Probleme? Verringern Sie mit nur 10 Minuten Arbeit pro Tag Ihre Schulden jeden Monat um 400 Euro - garantiert!" doch deutlich ansprechender und vor allem konkreter.

2. Problem

Benenne am Anfang des Verkaufstextes unbedingt das Problem des Kunden. Damit machst du es dem Kunden bewusst und zeigst, dass du mit deinem Produkt eine Lösung gefunden hast.

3. Nutzungsversprechen

Deine Kunden kaufen nicht dein Produkt, sondern das Ergebnis hinter dem Kauf. Sie kaufen Ergebnisse, Versprechen und positive Veränderungen. Diese musst du deinen Kunden deutlich vor Augen führen. Nicht die Eigenschaften deines Produktes verführen zum Kauf, sondern die erwarteten Ergebnisse. „Lernen Sie, wie sie mit nur einer Stunde pro Tag ein passives Einkommen von 2.000 € pro Monat generieren" klingt deutlich besser und vielversprechender als „Der gut strukturierte Ratgeber zeigt Ihnen Schritt für Schritt und mit vielen Illustrationen, wie Sie ein passives Einkommen erreichen können."

4. Beweise

Sammle positive Rezensionen und baue diese in deinen Verkaufstext ein. Diese überzeugen den Kunden davon, dass dein Produkt erfolgreich ist und die versprochenen Ergebnisse liefert. Bilder, Screenshots oder Videos können ebenfalls als Beweis dienen.

5. Alleinstellungsmerkmal

Was unterscheidet dich mit deinem Angebot von deinen Konkurrenten? Dein Alleinstellungsmerkmal (Unique selling Point - USP) muss sichtbar, spürbar und vor allem messbar sowie deinen Kunden schnell verständlich sein. Dies trägt zur Schärfung deiner Marke und deines Unternehmens bei.

6. Verknappung

Du hast das Interesse deiner Kunden geweckt. Indem du eine künstliche Verknappung verkündest, kannst du den Kauf Reiz nochmals intensivieren. Dabei kannst du dein Angebot entweder zeitlich oder preislich verknappen.

„Nur noch wenige Tage zum Sonderpreis von X EUR erhältlich." Ist ähnlich effektiv wie „Aufgrund der hohen Nachfrage können wir das Produkt nur noch für X Tage gesichert anbieten." Zögernde Kunden kannst du mit einer Verknappung sehr gut erreichen und einen Kaufimpuls setzen.

7. Garantien

Garantien werden für Kunden immer wichtiger. Eine sehr gute Möglichkeit ist die Geld-zurück-Garantie. Dabei kannst du eine zeitlich begrenzte Garantie oder eine Ergebnis-Zeit-Garantie anbieten. Ein Beispiel für eine zeitlich begrenzte Garantie ist die 30-Tage-Geld-zurück-Garantie.Bei der Ergebnis-Zeit-Garantie kannst du dem Kunden versprechen, dass er seine Investition zurück bekommt, wenn er innerhalb eines festen Zeitraums nicht das gewünschte Ergebnis erreicht. Beide Varianten schaffen Vertrauen in dich als Händler und vor allem in dein Produkt.

Du siehst, es ist nicht allzu schwierig die wichtigsten Elemente in einem Verkaufstext zu platzieren. Wichtig ist, dass du den Kunden von Anfang an abholst und ihn mit deinen Argumenten und deinen Informationen so schnell wie nur möglich überzeugst. Je intensiver der Kunde sich beim Lesen für das Produkt interessiert und je mehr Kaufinteresse ausgelöst wird, umso wahrscheinlicher ist der anschließende Kauf durch den Kunden.

Erfolgreiche Verkaufstexte maximieren deinen Erfolg

Es gibt viele Menschen, denen das Talent zum Texten nicht in die Wiege gelegt wurde. Egal wie sehr man sich auch bemüht, die Texte wirken gekünstelt und nicht lebendig und sprechen den Kunden nicht an. Das sind Gegebenheiten, mit denen du dich ebenfalls auseinandersetzen musst. Hier musst du dich über kurz oder lang entscheiden, wo du deine Stärken siehst und welche Elemente deiner Arbeit du lieber an Profis auslagerst. Es gibt eine ganze Reihe von guten und erfolgreichen Textern im Internet, welche gegen Bezahlung deine Texte schreiben. Unabhängig davon, ob du über Textplattformen wie Content.de oder Textbroker.de deine Texter suchst oder Angebote aus deiner Umgebung wahrnimmst, entscheidend ist, dass du dem Texter die wichtigsten Details umfassend mitteilst. Je genauer dein Briefing und deine Informationen zu dem Produkt, umso leichter kann sich ein Texter auf die Aufgabe einstellen und umso passender ist der Text am Ende. Hier solltest du nicht am falschen Ende sparen. Da die Bezeichnung Texter nicht geschützt ist, solltest du dir einen Texter an Hand seiner Referenzen auswählen. Der Verkaufstext entscheidet schließlich mit über deinen Erfolg und ist in seinem Umfang in den meisten Fällen sehr übersichtlich. Ein 500 Wörter-Verkaufstext würde dich, selbst bei einem Wortpreis von 10 Cent gerade einmal 50 Euro kosten, du kannst auch für 1 bis 2 Cent pro Wort gute Texter bekommen. Wenn du also Zeit sparen möchtest oder dir selber einen guten Verkaufstext nicht zutraust, dann solltest du diese Arbeit einfach auslagern.

Vertiefende Informationen zu guten Verkaufstexten

Wenn du dich stärker mit der Materie der Verkaufstexte beschäftigen möchtest, können wir dir das Buch "The Ultimate Sales Letter" von Dan S. Kennedy ans Herz legen oder das deut- sche E-Book „Was verkaufen Sie eigentlich?: Der Ratgeber für Verkaufstexte, die Ihren Kunden glücklich machen" von Bernfried Opala empfehlen. Hier findest du eine ganze Reihe von Best-Practice-Beispielen und Ratschlägen, wie du deine Verkaufstexte optimieren kannst.

Deine Produkte den Kunden begreifbar machen

Wenn du für gute und ansprechende Verkaufstexte gesorgt hast, sollten die Kunden sich bereits leicht von deinen Produkten und Angeboten überzeugen lassen. Doch viele Kunden schrecken zunächst vor Texten zurück und möchten die wichtigsten Informationen möglichst schnell erfassen können. Bei vielen Produkten bieten sich dafür Fotografien und Grafiken an, um deinen Kunden die Informationen effizient zu präsentieren. Dabei spielt es keine Rolle, ob du ein physisches Produkt, eine Dienstleistung, eine Software oder ein E-Book anbietest. Solange die Kunden durch gute Bilder und Grafiken informiert werden können, wirst du deutlich geringere Absprungraten bei deinen Besuchern verzeichnen. Wenn das Interesse der Kunden erst einmal geweckt ist, werden diese sich mit Hilfe deiner Verkaufstexte von dir und deinem Angebot überzeugen lassen. Während also die Texte wichtig für die Kaufentscheidung deiner Kunden sind, müssen die Bilder das Interesse an deinem Produkt wecken.

DAS PRODUKTFOTO: EIN BILD SAGT MEHR ALS 1.000 WORTE

Ein gutes Produktfoto kann das Interesse deiner Kunden wecken und dein Produkt besonders attraktiv wirken lassen. Ähnlich verhält es sich mit interessant gestalteten Präsentationen, Explorationszeichnungen und Grafiken. Diese können die Funktionen und Vorteile eines Produkts schneller ersichtlich machen und innerhalb von Sekunden das Interesse deiner Kunden wecken. Überlege dir im Vorfeld, welche Art der Präsentation sich für dein Produkt besonders gut eignet und welche Eigenschaften du bei deinem Produkt hervorheben möchtest. Bei komplexen Produkten ist es sehr sinnvoll, die Einsatzmöglichkeiten und Vorteile für deine Kunden hervorzuheben und somit das Interesse nochmals spürbar zu steigern. Stelle dir hierfür am besten vor, welche Fragen Kunden haben könnten und welche Elemente deines Produktes für deine Kunden nicht direkt verständlich sind. Mit diesen klaren Richtlinien kann es dir deutlich leichter fallen, die Aufträge bzw. Aufgabenstellung zu definieren und schneller das gewünschte Set an Fotos und Grafiken für dein Produkt und deine Landingpage zusammenzustellen. Darüber hinaus kannst du diese Bilder auch für dein Marketing nutzen und somit die Wirkung deiner Kampagnen deutlich verstärken.

Wichtige Tipps für deine Produktfotografien

Wenn du die Fotos für dein Produkt selber erstellen möchtest, solltest du auf einige Punkte ganz besonders achten. Zum einen ist ein ruhiger und gleichmäßiger Hintergrund wichtig. Suche dir am besten eine Farbe aus, welche dein Produkt gut zur Geltung kommen lässt, ohne vom Produkt abzulenken. Oftmals genügt bereits ein Stück Stoff, um einen gleichmäßigen Hintergrund zu erzielen. Zusätzlich solltest du für eine gute und vor allem gleichmäßige Beleuchtung sorgen. Da du wahrscheinlich nicht auf ein professionelles Foto-Equipment mit Studioblitz zurückgreifen kannst, sollte die Beleuchtung ausreichend sein, deine Bilder auch ohne Blitz aufnehmen zu können. So vermeidest du unangenehm harte Schlagschatten. Nimm dir auf jeden Fall Zeit, die Bilder am Computer nachzubearbeiten. Hierfür bietet sich die kostenlose Bildbearbeitungssoftware Gimp (www.gimp.org) an. Die Software umfasst bereits von Haus aus alle relevanten Funktionen. Mit der Anpassung der Farb- und Belichtungswerte kannst du den professionellen Eindruck deiner Fotos verstärken.

Professionelle Bilder können sich enorm lohnen

Nicht jeder hat die Möglichkeit und Fähigkeit hochwertige Bilder oder Grafiken zu erstellen. Dennoch solltest du darauf nicht verzichten, da dir ansonsten viele Kunden verloren gehen können. Bei einem kleinen Angebot an Produkten, solltest du also einen Profi engagieren. Ein Produktfoto beziehungsweise ein Set an Produktfotos ist in der Regel nicht sonderlich teuer und auch eine erklärende Grafik oder eine Explorationszeichnung kostet nicht die Welt.

Auch als Gründer musst du in der Lage sein zu delegieren und Arbeiten auszulagern. Das spart dir nicht nur viel Zeit, sondern oftmals auch viel Ärger. Unprofessionelle Produktfotos und Grafiken sehen nicht nur schlecht aus, sondern können auch Besucher und potentielle Kunden abschrecken. Das Geld in professionelle Arbeit ist also gut investiert und hält sich bei kleineren Aufträgen in Grenzen. Darüber hinaus kannst du bei professionellen Agenturen mit einer schnellen Bearbeitung deiner Aufträge rechnen, sodass du keine Zeit verlierst und schnell deine Landingpage online stellen kannst. Schau dich einfach einmal bei den verschiedenen Medien-Agenturen in deiner Umgebung um und bitte diese um einen Kostenvoranschlag und deren Referenzen. So kannst du schnell eine Lösung finden, die sich von der Qualität und Leistung für dich lohnt.

EFFEKTIVES MARKETING FÜR DEIN STARTUP

Gerade junge, aufstrebende Unternehmen können ein Problem haben: Sie sind am Markt noch vollkommen unbekannt und können aus diesem Grund ihre Produkte nur einer sehr kleinen Zielgruppe präsentieren. Auf der anderen Seite sind umfassende Marketing-Kampagnen teuer und am Anfang aufgrund der langen Wirkungszeiträume nicht sinnvoll. Das ändert sich zwar mit dem steigenden Erfolg, doch für die ersten Werbemaßnahmen musst du einen Marketing-Kanal wählen, welcher dir schnelle Ergebnisse verspricht und dessen Kosten überschaubar bleiben. Das Pay-Per-Click-Marketing (PPC-Marketing) über Facebook ist hier Mittel der Wahl, um schnell und vor allem ohne lange Verzögerungen dein Marketing starten zu können. So erhältst du direkten Zugriff auf deine Zielgruppe, kannst Interessenten und somit auch Kunden gewinnen sowie dein Produkt, deine Marke und dein Unternehmen bekannter machen. Nach den ersten Erfolgen solltest du dich mit weiteren Marketing-Konzepten beschäftigen. Fürs erste genügt es, wenn du eine gute und sichere Marketing-Strategie per PPC-Marketing über Facebook auf die Beine stellen kannst. Wir verraten dir, wie du deine Kampagne effektiv aufbaust und worauf du unbedingt achten solltest.

PPC Marketing auf Facebook: Der effektive Zugang zu deiner Zielgruppe

Pay-Per-Click-Kampagnen über Facebook eignen sich hervorragend für deine ersten Schritte im Bereich Online Marketing. Eine solche Kampagne lässt sich leicht und einfach erstellen, verschlingt keine Unsummen und benötigt vor allem keine größeren Vorkenntnisse. Darüber hinaus ist Facebook ein enorm großes Netzwerk mit einem riesigen Potential an Kunden. Da deine Werbung entsprechend der definierten Schlüsselwörter eingeblendet wird und dabei auch die Wahrscheinlichkeit beachtet wird, dass deine Werbung den Kunden gefällt und zu den Lesern passt, kannst du schnell ganz neue Nutzergruppen erreichen und eine Vielzahl an Personen mit deiner Werbung ansprechen. Hinzu kommt, dass du nur für tatsächliche Leis- tungen bezahlen musst. Das Prinzip Pay-Per-Click bedeutet, dass ein bestimmter Festpreis berechnet wird, wenn die Leute auf deine Werbeanzeige klicken und somit dem Link auf deine Landingpage folgen. Ist diese Werbeanzeige gut aufgebaut, stehen die Chancen gut, dass die Nutzer dein Produkt auch kaufen. Die Werbung verringert zwar deine Marge, doch ist die Aufmerksamkeit durch das gezielte Marketing diesen Aufwand in jedem Fall wert. Wir zeigen dir nun, wie du mit wenig Aufwand zunächst eine Facebook Fanpage einrichtest und diese anschließend nutzt, um deine PPC-Kampagne auf Facebook effektiv aufzubauen.

Eine Facebook-Fanpage einrichten

Eine Facebook Fanpage ist wichtig für deinen Erfolg und für deine Werbekampagnen. Nur durch eine Fanpage kannst du deine Werbung auch im Newsfeeds schalten lassen, was die Sichtbarkeit deiner Werbung deutlich nach oben schrauben kann. Aus diesem Grund solltest du zunächst ein paar Minuten in deine Fanpage investieren, ehe wir uns umfassend um deine PPC-Kampagne kümmern.

Wenn du noch keinen Facebook-Account besitzt, so solltest du dir nun einen anlegen und dich bei Facebook einloggen. Oben rechts in der Ecke befindet sich ein kleiner Pfeil. Wenn du diesen aufrufst, so kannst du dort den Punkt „Seite erstellen" finden. Diesen Menüpunkt klickst du an und wirst anschließend auf eine neue Seite weitergeleitet. Nun kannst du den Anweisungen und Hinweisen von Facebook einfach weiter folgen, deine Facebook Fanpage einrichten und für den Einsatz bereitmachen. Den Teil mit den Werbekampagnen kannst du zunächst überspringen, um deine Seite zunächst mit Informationen zu füllen.

Schritt für Schritt deine PPC-Kampagne aufbauen

Für das Erstellen einer neuen Werbekampagne musst du zunächst deine Zahlungsdaten bei Facebook hinterlegen. Besonders einfach ist dies mit einer Kreditkarte machbar. Anschließend kannst du wieder auf den kleinen Pfeil in der rechten oberen Ecke klicken und dort auf „Werbeanzeige erstellen" klicken.

Jetzt wird es ein wenig komplizierter, denn du musst dich für einen Kampagnentyp entscheiden. Welche Variante du wählst, hängt nicht zuletzt von deinem Produkt ab. In der Regel sollten die Optionen „Hebe deine Seite hervor" und „Steigere Conversions auf deiner Webseite" die optimale Wahl darstellen. Mit beiden Kampagnen kannst du die Facebook-Nutzer direkt auf deine Landingpage umleiten lassen. Im nächsten Schritt gibst du den zu bewerbenden Link an, damit deine Kampagne starten kann.

Jetzt kommt der wirklich interessante Teil, denn du musst nun für deine Werbung eine Zielgruppe definieren. Hier hilft dir dein Geschäftsmodell beziehungsweise dein Businessplan weiter, da du in diesem bereits den größten Teil der Arbeit erledigt hast. Beim Targeting legst du fest, welche Nutzer von Facebook deine Werbeanzeigen überhaupt zu Gesicht bekommen. Dabei stehen dir verschiedene Filter zur Verfügung, mit denen du deine Zielgruppe sehr gut definieren kannst. Facebook hilft dir hier- bei und zeigt über eine Anzeige auf der Seite genau an, wie weit deine Zielgruppendefinition fortgeschritten ist. Nutzbare Targeting-Optionen sind unter anderem das Geschlecht, der Standort oder auch die Sprache, aber auch Elemente wie der Beziehungsstatus, der Arbeitgeber oder der erreichte Bildungsabschluss. Denk hierbei vor allem an den Effekt und die Kosten. Es ist zwar toll, viele Menschen zu erreichen, doch wenn diese auf deine Werbung klicken und dann nichts kaufen, verschwendest du nur dein Geld. Je besser die Werbung zu deiner Zielgruppe passt, desto besser ist deine Conversion Rate durch die Werbemaßnahmen. Im nächsten Schritt kannst du die Budgetierung deiner Werbekampagne festlegen. Dabei kannst du sowohl das Budget pro Tag oder für die gesamte Laufzeit festlegen. Auch kann an diesem Punkt der Start- und Endtermin der Kampagne von dir festgelegt werden. Du musst also keine Angst haben, mit der Kampagne mehr Geld auszugeben, als du fürs Marketing eingeplant hast. Du solltest allerdings darauf achten, dass du bei deiner Kampagne das Modell Pay-Per-Click auswählst. Click-per-View ist ebenfalls möglich, aber für den Anfang weniger zielführend. Wenn du dich umfassender mit der Facebook-Werbung auseinandergesetzt hast, kannst du auch den Preis für die einzelnen Klicks festlegen und somit nochmals deine Reichweite und Effektivität verbessern.

In den nächsten zwei Schritten kannst du nun die Bilder und Textinhalte für deine Werbeanzeigen definieren und die Links und deren Verhalten festlegen.

Im letzten Schritt musst du nur noch deine Kampagne freigeben und starten. Ab diesem Zeitpunkt kannst du direkt von deiner Werbung auf Facebook profitieren und deren Wirkung überprüfen. Facebook bietet dir hierfür eine sehr gute Statistik-Funktion im Backend, über welche du jederzeit die Effektivität deiner Werbung überwachen kannst. Beobachte deine Werbekampagne aufmerksam und sei auch bereit, diese zu verändern, wenn sich die gewünschte Wirkung nicht einstellt. Mit diesem Problem müssen sich auch Marketing-Profis herumärgern, da nicht jede Kampagne immer die gewünschte Reaktion bei den Nutzern auslöst. Keine Panik: Durch die Budget-Beschränkung kann dir hier nicht viel passieren.

Darauf solltest du bei deiner Werbekampagne auf jeden Fall achten

Es gibt sechs wichtige Punkte, welche du bei deinen Werbekampagnen über Facebook in jedem Fall beachten solltest. Diese Punkte entscheiden in den meisten Fällen über die Effektivität deiner Werbung und die Ergebnisse in deinen Verkaufszahlen.

- Nimm dir ausreichend Zeit deine Zielgruppe für die Marketing-Kampagne sehr genau zu definieren. Bei keinem anderen Werbe-Medium hast du eine so feine Auswahlmöglichkeit wie bei Facebook. Je genauer dein Produkt auf eine bestimmte Zielgruppe zugeschnitten ist, umso mehr Erfolg wirst du mit deiner Werbung haben.

- Die Headline ist bei Facebook Werbung von entscheidender Bedeutung, denn diese muss die Aufmerksamkeit der Leser auf sich ziehen. Du hast bei Facebook nur 25 Zeichen inklusive Leerzeichen für deine Headline zur Verfügung. Nimm dir ruhig Zeit eine optimale Headline zu entwickeln. Hier entscheidet sich zum größten Teil der Erfolg deiner Kampagne.

- Werbung auf Facebook funktioniert oftmals ganz anders als Werbung auf anderen Medien. Vor allem die Bilder müssen Aufmerksamkeit erregen und Interesse wecken. Tiere und Menschen sind besonders beliebt und werden entsprechend häufiger beachtet. Versuche bereits mit dem Bild, einen Zusammenhang mit deiner Werbebotschaft herzustellen. Greife hierfür auch auf externe Dienstleister wie Fotografen zurück, um passende Bilder für deine Werbung zu generieren.

- Auch wenn der Text bei einer Werbeanzeige wichtig ist, so kann er deren Wirkung deutlich verringern. Versuche nicht mehr als 20 % deines Bildes mit Text zu füllen. Mehr wirkt störend und lenkt vom Bildinhalt ab.

- Definiere in deiner Werbeanzeige eine klare Handlungsaufforderung. Mit dieser Call-To-Action sprichst du den Nutzer direkt an und kannst ihn zum Klick auf deine Werbung verleiten. Sei hierbei ruhig direkt und fordernd. Viele Nutzer lassen sich damit zu einer Handlung animieren.

- Behalte dein Werbebudget im Blick. Auch wenn du über ein großzügig bemessenes Budget verfügst, solltest du zunächst klein anfangen. Erst bei steigendem Erfolg kannst und solltest du deine Kampagne ausweiten und mehr Budget zur Verfügung stellen. Fehler können immer passieren, weswegen du ausreichend Budget in der Hinterhand haben solltest, um deine Werbekampagne zu ändern und neu zu starten.

Weitere Marketing-Ansätze für die Zukunft

Mit dem PPC-Marketing steht dir auf Facebook ein mächtiges Marketing-Instrument zur Verfügung, welches du effektiv nutzen kannst, um deine Zielgruppe mit deinen Produkten bekannt zu machen und somit deine Reichweite zu erhöhen. Auf Dauer wird dir diese Form des Marketings allerdings nicht genügen. Vor allem im Bereich der Upsells und der stärkeren Einbindung von bestehenden Kunden kann diese Form des Marketings nicht auf Dauer überzeugen. Daher solltest du dich früh genug darum kümmern, auch andere Marketing-Kanäle für dich zu nutzen. Besonders beliebt ist hierbei das Newsletter-Marketing, da du hier eine vollständige Kontrolle über deine Marketing-Maßnahmen hast und die Kosten dieser Maßnahmen kontrollieren kannst. Aus diesem Grund solltest du frühzeitig anfangen, die E-Mail-Adressen deiner Kunden zu sammeln und diese um eine Einwilligung für den Newsletter-Versand zu bitten, da solche Kontaktlisten vor allem am Anfang nur sehr langsam wachsen. Es ist kein Problem, wenn du zunächst noch keinen Newsletter versendest. Wenn du soweit bist, kannst du deine Kunden über Newsletter mit Upsell-, Crosssell- oder auch Sonder-Angeboten überzeugen und somit deine Einnahmen verbessern.

Es ist sinnvoll, wenn du dich am Anfang nur auf einen schnellen und direkt wirksamen Marketing-Kanal verlässt und somit intensiv am Aufbau deiner ersten Erfolge arbeitest. Dennoch solltest du stets im Hinterkopf behalten, dass du auf Dauer dein Marketing erweitern musst, um effektiv und schnell weiter zu wachsen. Daher möchten wir dir unsere alljährliche Conversion- und Traffic Konferenz, kurz Contra, ans Herz legen, die sich auf effektive Online Marketing-Strategien konzentriert.

Bei der Contra kommen extrem erfolgreiche Internet-Unternehmer aus unterschiedlichen Branchen zusammen und geben ihre eigenen Online-Verkaufstaktiken weiter. Von Facebook Marketing über Newsletter Marketing bis hin zum effektiven Sales Funnel ist alles dabei. Wenn du bei der nächsten Contra live dabei sein möchtest, dann schau auf: www.die-contra.de vorbei. Die Teilnahme vor Ort bietet dir den Vorteil, dich persönlich mit den Referenten austauschen und Kontakte knüpfen zu können.

> Falls du lieber alles gemütlich von zu Hause verfolgen möchtest, kannst du entweder per Live-Stream teilnehmen oder auch im Contra Diamond Club auf alle Vorträge, die seit 2013 jemals auf der Contra gehalten wurden (und zukünftig noch gehalten werden), zugreifen:
> www.die-contra.de/club

KOOPERATIONSPARTNER FÜR EIN UMFASSENDES MARKETING: DU HAST ES IN DER HAND

Während große und entsprechend etablierte Unternehmen viele Partnerschaften eingehen, um ihre Marktmacht zu sichern und neue Märkte zu erschließen, vergessen viele junge Unternehmer diese Möglichkeit oder sehen die Chancen als zu gering an. Dabei stehen die Chancen sehr gut, auch als junges Unternehmen passende Kooperationspartner zu finden. Vor allem dann, wenn du mit einem innovativen Produkt auftrittst und damit eine neue Zielgruppe für andere Unternehmen erschließen kannst. Kooperationspartnerschaften können dir als Unternehmer viele Vorteile bieten. Zum einen kannst du deine Reichweite deutlich erhöhen und in neue und bisher nicht erreichbare Marktsegmente vorstoßen. Darüber hinaus bedeutet eine solche Partnerschaft eine Menge an Werbemöglichkeiten, über welche du in der Lage bist dein Produkt oder Unternehmen bekannter zu machen und dir somit mehr Kunden zu erschließen. Bei sehr guten Kooperationspartnern profitierst du zusätzlich vom guten Ruf der Unternehmen, was zugleich auch deinen Ruf und deine Markenbotschaft deutlich unterstreicht.

Natürlich ist es am Anfang schwierig, einen passenden Partner zu finden, vor allem dann, wenn man von dieser Materie nicht viel Ahnung hat und gerade erst beginnt, sich mit dem Marketing für sein Unternehmen und sein Produkt zu beschäftigen. Doch sei unbesorgt. Die Suche nach einem guten Kooperationspartner ist nicht so schwierig, wie du es dir vielleicht vorstellst. Wenn du von deinem Produkt und deinem Angebot überzeugt bist, dann solltest du auch andere Men- schen von deinem Produkt überzeugen können. Wir zeigen dir in diesem Kapitel, wie du den passenden Partner findest und mit welchen Argumenten du Partnerschaften und Kooperationen anstoßen kannst.

Den richtigen Partner wählen

Zunächst solltest du den Markt kennen. Das ist nicht schwierig und kann problemlos von Zuhause aus erledigt werden. Du hast bereits bei der Planung deines Geschäftsmodells den Markt analysiert und kennst zumindest deine Konkurrenten. Ganz ähnlich musst du nun nach Unternehmen suchen, welche mit ihren Angeboten nicht in direkter Konkurrenz zu dir stehen, aber dennoch ein ähnliches Themengebiet abdecken. Überlege dir also zunächst, welche Gebiete mit deinem Produkt oder deinem Angebot kompatibel sind. Hast du eine Software entwickelt, bieten sich beispielsweise Hardware-Hersteller oder Computershops an. Hast du ein Buch geschrieben, welches du sowohl als E-Book als auch als gedrucktes Buch auf den Markt bringen möchtest, könnten sich Buchhandlungen und vor allem Buchhandelsketten hervorragend eignen. Je nach Produkt gilt es, Bereiche mit Überschneidungen zu finden, welche keine direkte Konkurrenzsituation zu deinem eigenen Business darstellen. Später kann dies anders aussehen, da viele große Unternehmen auch Partnerschaften mit Konkurrenten eingehen, wenn beide Unternehmen davon profitieren. Für kleine Unternehmen und Startups ist dies allerdings eine riskante Strategie, da die eigene Marktposition am Anfang noch zu gering ist und ein Verlust der Markenidentität droht.

Besonders gute Kooperationspartner verfügen vor allem über eines: Reichweite. Sei es ein großes Netz an Filialen, eine große Anzahl an qualifizierten Followern oder sonstige Möglichkeiten, dich und dein Unternehmen bekannter zu machen. Die Gewinnsituation des Unternehmens spielt hierbei eine eher untergeordnete Rolle. Es kann sogar sinnvoll sein mit einem Unternehmen eine Partnerschaft einzugehen, welches sich zunächst auf das Marketing und die eigene Verbreitung konzentriert hat und erst jetzt beginnt, die eigene Verkaufstätigkeit in den Mittelpunkt zu stellen.

Win-Win-Situationen sind am Wirkungsvollsten

Kooperationspartnerschaften können auf vollkommen unterschiedlicher Basis geschlossen werden. Gerade Startup sollten sich nicht auf bezahlte Kooperationen einlassen, da diese oftmals das Geld nur bedingt wert sind und die Zukunft deines Unternehmens aufs Spiel setzen können. Wer viel Geld für eine Kooperation ausgeben muss, sollte schon in sehr großem Maße von einer solchen Kooperation profitieren können. Dies ist allerdings nicht immer garantiert und nur wenige junge Unternehmen haben so ein dickes Finanzpolster, dass sie ein solches Wagnis eingehen könnten. Dementsprechend ist es wichtig, dass sich die Kooperation für beide Parteien lohnt. Überlege dir also im Vorfeld, welche Vorteile deine Kooperationspartner aus eurer zusammenarbeit ziehen können. Was kannst du dem Unternehmen bieten, was es sonst nur teuer oder umständlich erreichen könnte? Der Zugang zu einer besonders exklusiven Zielgruppe, Kontaktdaten deiner zahlungskräftigen Kunden, Werbung auf deinen frischen und unverbrauchten Kanälen oder sogar Crosselling-Möglichkeiten mit deinen Produkten sind hier nur einige gute und sinnvolle Beispiele.

Streiche den Effekt für deine Partner heraus — zu große Partner gibt es kaum

Die Auswahl der richtigen Kooperationspartner ist für viele Neugründer besonders schwierig. Schließlich können sich junge Unternehmen noch nicht auf wirtschaftliche Erfolge am Markt berufen, um potentielle Partner von einer Zusammenarbeit zu begeistern. Das bedeutet, dass du dich viel stärker mit deinen möglichen Kooperationspartnern auseinandersetzen und diese so gut es geht analysieren musst. Besonders gute Partner sind beispielsweise Unternehmen mit einer sehr großen Reichweite, welche allerdings noch keine großen Geschäftserfolge vorzuweisen haben. Hier kannst du – mit dem passenden Produkt und einer guten Landingpage – deine Partner von den Vorteilen einer Kooperation deutlich einfacher überzeugen. Durch dich können diese neue Geschäftsfelder erschließen und die eigenen Verkäufe stärker forcieren. Stelle dir also immer die Frage: „Welchen Vorteil hat es für ein Unternehmen, mich und mein Unternehmen als Partner zu haben?" Welche Vorteile du bieten kannst, hängt nicht zuletzt von der Art deines Produktes und deines Geschäftsmodells ab. Du kannst beispielsweise Reichweite bieten, neue und bisher nicht genutzte Vertriebskanäle, fachliches Know-how in bestimmten Bereichen oder eine besonders zahlungskräftige und somit interessante Zielgruppe. Je weiter sich dein Unternehmen entwickelt und je mehr Kunden du hast, umso interessanter wirst du natürlich auch für deine Partner. Ab einer gewissen Größe und einem gewissen Erfolg kannst du beginnen, deine Partnerschaften zu erweitern oder neue Konditionen zu verhandeln. Sei allerdings immer vorsichtig und analysiere alle Angebote gründlich. Einige Unternehmen versuchen junge Unternehmen und Startups über den Tisch zu ziehen und mit diesen Unternehmen Verträge abzuschließen, welche dir und deinem Unternehmen zum Nachteil werden könnten. Hier kommt es stark auf die Branche an. Versuche wie oben beschrieben eine Win-Win-Situation herzustellen, welche auch unabhängig von der Marktlage funktioniert. Somit steigen die Chancen eine stabile und sichere Kooperation einzugehen, welche langfristig beiden Unternehmen zum Erfolg verhilft.

Alles ist bereit: Starte durch und überzeuge deine Kunden

Du hast nun eine stabile und schöne Landingpage für dein Produkt bzw. deine Waren erstellt. Auch die gewünschten Zahlungsdienstleister sind eingebunden, sodass deine Kunden problemlos über deine Landingpage ihre Käufe abwickeln können. Hinzu kommt, dass du deine Produkte mit optimalen Fotos und guten Texten ins rechte Licht gerückt hast und somit noch mehr Kaufanreize schaffen konntest. Im letzten Schritt hast du dich um eine gute und stabile Werbekampagne gekümmert, welche auch mit einem kleinen Budget bereits große Ergebnisse erzielen kann. Durch die Suche nach strategischen Kooperationspartnern hast du dir zusätzlich neue Märkte erschlossen und vor allem deine Reichweite optimal erhöht. Es steht dir also nichts mehr im Weg, um richtig durchzustarten.

Überlege dir nur einmal, was du innerhalb dieser kurzen Zeit bereits alles auf die Beine gestellt hast. Du hast ein Geschäftsmodell für dich entwickelt, ein vermarktungsfähiges Produkt entwickelt und vor allem mögliche Weiterentwicklungen und Upsells im Auge behalten. Außerdem hast du eine eigene Landingpage erstellt und bist bereit, dein Produkt umfassend zu bewerben und von den Früchten deiner Vorarbeit zu profitieren. Atme einfach einmal entspannt durch. Du hast es praktisch schon geschafft und darfst dich mit Fug und Recht Unternehmer nennen. Du triffst sowohl operative als auch strategische Entscheidungen für dein Unternehmen auf einer sicheren Datenbasis und kümmerst dich um alle Abläufe schnell und effizient.

Ein schönes Gefühl, wenn man selbst über sein Schicksal entscheiden kann, oder?

UNTERNEHMEN

Erst jetzt, nachdem du deinen Produktlaunch vorbereitet hast, kümmerst du dich um deine unternehmerische Struktur.

Dazu beschäftigen wir uns in diesem Kapitel mit folgenden Punkten:

- Namensfindung
- Domain
- Logo
- Corporate Identitiy
- Erreichbarkeit
- Unternehmensgründung

WIE SOLL DEIN UNTERNEHMEN HEISSEN?

Für die Namensfindung hast du mehrere Möglichkeiten. Du kannst beispielsweise deinen eigenen Familiennamen verwenden. Wenn du deinen Vornamen mit aufnimmst, dann entsteht ein sehr persönlicher Eindruck. Der eigene Name als Namensgeber für die Firma ist grundsätzlich immer erlaubt. Der Vor- und Nachname ist namensrechtlich geschützt, die gesetzliche Grundlage findest du im § 12 des BGB. Ungünstig kann der eigene Name dann sein, wenn er schwer auszusprechen, zu schreiben oder zu merken ist. Sind komplizierte Buchstabenverbindungen, wie zum Beispiel cz oder oeh, im Namen, dann bist du mit einer anderen Variante besser dran.

Allerdings: Keine Regel ohne Ausnahme! Es kann sein, dass große und bekannte Firmen bereits den gleichen Namen verwenden. Wie findest du das heraus? Nutze die Suche im Internet und Google nach dem geplanten Namen. Auch bei der IHK oder Handwerkskammer kannst du dich beraten lassen. Teilweise finden dort Seminare und Workshops für Gründer statt, oder du bekommst auf Wunsch einen Beratungstermin, der kostenlos sein kann.

Günstig ist ein Unterscheidungsmerkmal, das du im Firmennamen mit einbaust. Angenommen, du heißt Müller und verkaufst Kühe - also keine echten, sondern liebevoll designte Stoffkühe mit Kuhglocke, geeignet als Deko oder Kinderspielzeug. Dann bietet sich der Name „Müller's Kuh" doch geradezu an.

Namen von prominenten Personen oder bereits bestehende Markennamen solltest du nicht verwenden, wenn du keine Abmahnung oder ein teures Gerichtsverfahren riskieren willst.

Fantasienamen oder Abkürzungen sind erlaubt, auch hier gilt aber: Erst suchen, ob es den Namen schon gibt. Dein Ziel sollte sein, einen griffigen Firmennamen mit Wiedererkennungswert zu finden. Zudem sollte die Bezeichnung deines Unternehmens auch für die Domain geeignet sein. Zusätzlich bietet es sich an, die Art deines Produkts zu integrieren, eventuell auch den Standort. Wenn du dich für eine Rechtsform entscheidest, kommt diese ebenfalls mit in den Firmennamen.

DIE DOMAIN FÜR DEIN UNTERNEHMEN

Die Domain ist die eindeutige und einzigartige Adresse deiner Homepage. Jede Domain darf nur ein einziges Mal vergeben werden. Ob deine Wunschdomain noch frei ist, kannst du bei denic. de feststellen. Hier sind alle in Deutschland registrierten Domains verzeichnet.

> Beim Anbieter 1und1 gibt es einen Domain-Check unter
> https://hosting.1und1.de/domaincheck

Hier findest du schnell heraus, ob deine Wunsch-Domain noch frei ist. Du erhältst auch Vorschläge über freie Domains.

Im Idealfall sind dein Firmenname und die Domain identisch. Damit du im Netz schnell gefunden wirst, solltest du auf „Allerweltsnamen" ohne besondere Aussagekraft verzichten.

Nimm bitte von besonders „kreativen" Namen und Domains Abstand! Wenn zu viel Fantasie im Spiel ist, wirkt das eher abschreckend. Sieh dir einmal die zahllosen Friseurnamen an, die von Vier-Haareszeiten bis Krehaartief oder Kamm-in reichen. Das wirkt eher lächerlich als kundenwirksam. Dein Alleinstellungsmerkmal in der Domain ist dagegen ein sinnvolles Element. Mit der Domain sollte nichts versprochen oder auch nur angedeutet werden, was dann auf der Homepage tatsächlich ganz anders aussieht.

Grundregeln für eine gute Domain: Kurz, griffig, unverwechselbar und leicht zu merken! Lange und verschachtelte Domains sind ungünstig. Wenn du schon unbedingt eine lange Domain möchtest, verwende Bindestriche zwischen den einzelnen Wörtern. Zahlen und Umlaute werden zwar bei Domains mittlerweile akzeptiert, jedoch besteht Gefahr durch schlechte Verständlichkeit und Tippfehler. Bei E-Mail-Adressen sind keine Umlaute erlaubt. Wenn du für deinen Kunden eine Mail-Adresse nennen willst, die mit deiner Webseite gekoppelt ist, suchst du besser nach einer anderen Lösung.

Wie beim Firmennamen gilt auch beim Namen für deine Domain: Vorsicht, wenn der Name bereits in gleicher oder ähnlicher Form verwendet wird! Abmahnungen kommen oft schneller, als du denkst — Schließlich ist eine ganze Reihe von Anwälten darauf spezialisiert. Tabu sind Städtenamen, Kfz-Kennzeichen und Namen von öffentlichen Einrichtungen. Lass dich nicht zu einer Domain verleiten, die absichtlich mit Schreibfehlern jongliert. Wenn du ein Vergleichsportal für Reiseangebote planst, wirst du z. b. mit einer Domain wie TRIWAGO mit Sicherheit Probleme bekommen.

Die Endung der Domain richtet sich entweder nach dem Land, also zum Beispiel .de für Deutschland, oder gibt Hinweise auf die kommerzielle Nutzung, z. B. .com, .net, .info oder .biz.

Beste Chancen: Dein Name wird zur Marke!

Ob du das mit deinem persönlichen Namen oder mit dem Namen deines Produkts erreichst, spielt keine Rolle. Aber wenn du es schaffst, dass die Kombination aus Name, Label und Angebot zu einer einzigartigen Einheit wird und du einen hohen Bekanntheitsgrad erreichst, dann ist der Erfolg sicher! Der Einstieg in den Markt ist nicht immer einfach - aber denk einmal an die „Großen" und wie in diesen Fällen die Erfolgsgeschichte gelaufen ist.

Zwei Beispiele zeigen dir, wie der Name zur Marke wird. Was sagst du, wenn du dringend ein Papiertaschentuch brauchst, weil du Schnupfen hast? Oder Klebstoff, wenn du schnell etwas kleben musst? Klar: Du fragst nach Tempo und Uhu. Stell dir vor, der Papiertaschentuch-Hersteller hätte sein Produkt „Papiertaschentuch" genannt und der Klebstoff-Produzent „Allzweckkleber". Einprägsame Begriffe können ein Garant für Wiedererkennung und Erfolg sein.

DAS LOGO DEINES UNTERNEHMENS

Ein gutes Logo ist einprägsam und stellt einen Bezug zu deinem Unternehmen her. Man KANN ein Logo selbst basteln — die Betonung liegt auf „kann". Auch der geschickte Umgang mit einem Grafikprogramm und eigene Ideen ist leider nicht immer geeignet, um ein aussagekräftiges Logo zu erstellen. Das Logo kommt auf deine Webseite, auf dein Briefpapier, auf deine Visitenkarten. Es begleitet dich und soll für dich werben. Wir raten dir zu einem professionell erstellten Logo. Die Investition lohnt sich! Auch wenn dein Budget begrenzt ist: Gute Logos müssen nicht die Welt kosten. Fachmännisch und relativ günstig bekommst du dein persönliches Erkennungsmerkmal zum Beispiel von Design-Studenten. Du kannst neben der Bezahlung eine Kooperation anbieten, indem du den Logo-Ersteller auf deiner Webseite namentlich nennst. Weitere Möglichkeiten sind Crowdsourcing oder Designwettbewerbe, um ein qualitativ hochwertiges Logo-Design zu bekommen.

Vor allem aber musst du wissen, was du möchtest. Wenn du eine Grafikagentur im Internet oder einen Designer vor Ort beauftragst, bereite dich auf diese Fragestellungen vor:

- Welcher Stil gefällt dir besonders, hast du Beispiele von Wettbewerbern? Orientiere dich nicht zu sehr an aktuellen Trends, sondern richte dich nach deinem eigenen Empfinden.

- Welche Farben soll das Logo haben? Gibt es bereits Firmenfarben? Gut ist ein Farbkonzept, das zum Design deiner Homepage passt, damit ein einheitlicher Eindruck entsteht.

- Welche Kernkompetenz hat dein Unternehmen? Welche Produkte oder Dienstleistungen bietest du an?

- Was möchtest du mit deinem Logo aussagen?

- Was ist dein Alleinstellungsmerkmal? Soll das Logo eine bestimmte Botschaft transportieren?

- Hast du einen speziellen Slogan für dein Unternehmen?

- Welches Image schwebt dir für deine Firma vor?

Lass dir Beispiele zeigen, bevor du den Auftrag erteilst, dann siehst du, ob der Stil des Grafikers zu deinen Vorstellungen passt.

Generell gilt: Das Logo darf nicht überfrachtet sein — weniger ist mehr! Es muss skalierbar sein, sich also größenmäßig anpassen lassen. Farbige Logos sollen beim Schwarz-Weiß-Druck immer noch gut erkennbar sein. Auch beim Logo kann es zu Kollisionen mit bestehenden Logos kommen. Wenn ein anderes Logo als Bildmarke geschützt ist, besteht wieder die Gefahr der Abmahnung.

Namen, Marke und Logo schützen lassen

Du hast herausgefunden, dass dein geplanter Firmenname, deine Marke und dein Logo einmalig und nicht anderweitig vergeben sind? Wenn das so bleiben soll und du vermeiden möchtest, dass Andere deinen Namen, deine Marke oder dein Logo verwenden, kannst du sie schützen lassen. Der richtige Ansprechpartner ist das Deutsche Patent- und Markenamt (DPMA).

> Auf der FAQ-Seite des Amtes werden dir schnell die wichtigsten Fragen beantwortet
> https://www.dpma.de/designs/faq/index.html
> Die komplette Webseite www.dpma.de bietet dir sämtliche Infos rund um Markenschutz, Wortmarke und Bildmarke.

DIE CORPORATE IDENTITY
DEINES UNTERNEHMENS

Die Corporate Identity (kurz: CI, Erscheinungsbild) ist gewissermaßen das Aushängeschild deines Unternehmens nach außen. Das Logo fällt in den Bereich Corporate Design und hängt mit der Corporate Identity eng zusammen. Beim gesamten Auftritt muss eine einheitliche Linie, ein "roter Faden" erkennbar sein. Das wird beispielsweise durch optisch einprägsame Farben und Formen möglich, die immer auftauchen. Sie sorgen dafür, dass das Logo blitzschnell erkannt und zugeordnet werden kann.

Die „Meisterklasse" im Logo-Design bilden die Embleme in der Autoindustrie. Bereits kleine Kinder sind in der Lage, an den vier ineinander verschlungenen Ringe, den aufrechten Löwen oder dem weiß-blauen Logo die Automarke zu erkennen. Das Outfit kann auch Bestandteil de CI sein. Wenn es zur Art deines Unternehmens passt, ist eine einheitliche Dienstkleidung eine gute Idee. Davon abgesehen erzeugt jedes Outfit eine bestimmte Wirkung — lässig, cool, förmlich oder elegant!

Ein untergeordneter Bereich der Corporate Identity nennt sich Corporate Behaviour. Darunter versteht man die Verhaltensweise deinen Kunden gegenüber. Ein Hauptmerkmal ist beispielsweise die Ansprache per Sie oder per Du. Unternehmen, die eine junge Zielgruppe haben, pflegen einen lockeren Stil und sprechen ihre Kunden mit Du an. Wer dagegen Luxusprodukte anbietet und eine ältere, anspruchsvolle Kundschaft zufrieden stellen möchte, entscheidet sich besser für die förmliche Anrede. Für dich und deinen Schnellstart-Plan gilt aber, dass eine perfekte CI nicht unbedingt in den ersten 24 Stunden entstehen muss bzw. kann.

Der „Papierkram": Briefpapier, Visitenkarten, Flyer, Prospekte

Im digitalen Zeitalter läuft Vieles papierlos, ganz ohne geht es aber nicht. Für amtliche Schreiben und Rechnungen sieht ein Briefpapier mit einem passend gestalteten Briefkopf gut aus. Hier solltest du dein Logo integrieren.

Entweder im oberen Bereich oder in der Fußzeile ist Platz für deine Daten: Firmenname, Anschrift, Telefonnummer, Registereintrag, Webadresse und Bankverbindung gehören auf ein solide gestaltetes Briefpapier.

Weitere Drucksachen, die du immer wieder brauchst, sind Visitenkarten, Prospekte und Flyer. Online-Druckereien erledigen diese Aufträge schnell und zuverlässig zu günstigen Preisen. In den meisten Fällen wirst du den „Papierkram" aber für einen schnellen Markttest deines Produkts nicht nutzen.

BLEIB ERREICHBAR!

Deine Kunden müssen immer die Möglichkeit haben, dich bzw. dein Unternehmen und dein Angebot zu erreichen. Neben dem Kontaktformular und der Angabe der Mail-Adresse sollte auch eine Telefonnummer nicht fehlen.

Beim Telefon hast du die Wahl zwischen einem Festnetzanschluss, Telefon über DSL, Voice over IP (VoIP), diversen Kabelanbietern und mobilem Telefonieren. Unser Tipp: der kostenlose VoIP-Telefonanschluss von Sipgate („Sipgate Basic": www.sipgate.de). Bei diesem Anbieter kannst du mit wenigen Klicks ganz unkompliziert eine Festnetznummer einrichten, die oft seriöser wirkt als eine Handynummer. Richte in jedem Fall eine Mailbox ein, damit du keine Anrufe und Anfragen verpasst. So bist du auch dann erreichbar, wenn du unterwegs bist.

DER STANDORT FÜR DEIN UNTERNEHMEN

Brauchst du Geschäftsräume zum Verkaufen oder eine Werkstatt für die Fertigung? Ist ein Lager notwendig, brauchst du ein Büro? Wirst du im Büro Kunden empfangen oder alleine arbeiten? All diese Fragen spielen bei der Suche nach dem richtigen Standort eine Rolle. Im günstigsten Fall reicht deine Wohnung – das dürfte aber eher selten zutreffen. Das Homeoffice ist außerdem oft voller Fallstricke. Du wirst unter Umständen von Familienmitgliedern gestört und an allen Ecken und Enden lauern Ablenkungen. Für die Anfangsphase reicht das Homeoffice aus, aber sobald dein Startup läuft, kannst du über einen anderen Arbeitsplatz nachdenken.

Die Wahl des Standorts von verschiedenen Faktoren ab, z.B.:

- Wie hoch ist dein Budget?
- Benötigst du die Möglichkeit, später zu erweitern, wenn dein Unternehmen größer wird?
- Wünschst du eine gute Erreichbarkeit mit öffentlichen Verkehrsmitteln?
- Brauchst du Parkplätze?
- Empfiehlt sich ein bestimmter Stadtteil für dein Unternehmen?

Der exklusive Laden ist in der Innenstadt richtig platziert. Mit einer Standortanalyse findest du heraus, wie die Konkurrenzsituation und das Image des Stadtteils sind. Eine Fertigungsstätte und ein Lager sind am Stadtrand oft günstiger. Du sparst Miete und hast vermutlich mehr Platz. Beim Büro kommt es auf die hauptsächliche Verwendung an, ob du eher repräsentative Räume in einer guten Lage suchst oder ob ein funktionsfähiger Büroraum ausreicht, bei dem die Lage und bauliche Ausstattung erst einmal zweitrangig sind.

Speziell für Startups gibt es Einrichtungen, welche Unternehmen auf den Weg der Existenzgründung bringen und sie dabei unterstützen (Inkubatoren). Eine weitere Möglichkeit, welche du nutzen kannst, sind Coworking Spaces. Dabei teilst du meist größere, offene Räume mit anderen, von dir unabhängigen Unternehmen oder Selbstständigen.

> Auf der Suche nach einer flexiblen und günstigen Lösung haben wir uns anfangs zum Beispiel beim Inkubator und Coworking Space STARTPLATZ eingemietet, das es in Köln und Düsseldorf gibt (www.startplatz.de). Ein Verzeichnis verschiedener Coworking Spaces in verschiedenen Städten findest du u.a. hier: www.coworking-news.de. Auf der Plattform shareDnC kannst du nach kleinen, provisionsfreien Bürolösungen mit flexiblen Laufzeiten und transparenten Kosten in deiner Stadt suchen: www.sharednc.com

Benötigst du für dein Business kein Büro, kannst du auch nur einen Briefkasten mieten. So musst du deine private Anschrift nicht für Firmenzwecke nutzen und hast eine offizielle Geschäftsadresse, mit der du im Außenauftritt professionell wirkst (z. B: www.briefkasten-adresse.de).

DER LETZTE SCHRITT: DIE OFFIZIELLE UNTERNEHMENSGRÜNDUNG

Brauchst du überhaupt eine bestimmte Rechtsform? Reicht es nicht einfach aus, wenn du dich selbstständig machst und auf eigene Rechnung arbeitest? So unkompliziert ist es leider nicht. In irgendeiner Form musst du immer dein junges Unternehmen

„amtlich" machen. Bei einigen sogenannten freien Berufen reicht die Meldung beim Finanzamt. Wieder andere erfordern einen Gewerbeschein. Das ist dann der Fall, wenn du etwas verkaufen möchtest oder eine Dienstleistung anbietest. Du hast außerdem die Wahl zwischen verschiedenen Gesellschaftsformen. Dafür ist die Einhaltung rechtlicher Vorschriften notwendig. Nachfolgend findest du einen Leitfaden zur Orientierung, welche Form unserer Erfahrung nach für dein Unternehmen die richtige Wahl ist. Für eine verbindliche Rechtsauskunft solltest du in jedem Fall einen Anwalt konsultieren.

Auf einem Blick: Varianten für die Gründung deines eigenen Unternehmens

- Du bist Freiberufler.
- Du startest mit einem kleinen, überschaubaren Gewerbe und brauchst eine Gewerbeanmeldung.
- Du gründest eine GmbH (Gesellschaft mit beschränkter Haftung).
- Du gründest eine UG (Unternehmer-Gesellschaft mit beschränkter Haftung)

Der Start in die Selbstständigkeit für Freiberufler

Ohne Gewerbeanmeldung oder Gesellschaftsgründung können sich Personen selbstständig machen, die einen „freien Beruf" ausüben. Dazu zählen alle, die einen künstlerischen, wissenschaftlichen, erzieherischen oder unterrichtenden Beruf haben, zum Beispiel Rechtsanwälte, Bildhauer, Maler oder Architekten. Freiberufler müssen die Tätigkeit beim Finanzamt melden und erhalten eine Steuernummer. Sie zahlen Einkommenssteuer, aber keine Gewerbesteuer. Der § 18 des Einkommenssteuergesetzes (EStG) regelt genau, wer Freiberufler ist. Einige Jobs sind allerdings nicht klar definiert, die Einstufung liegt im Ermessen des zuständigen Finanzamts, ob du nicht eventuell doch einen Gewerbeschein brauchst.

So meldest du ein Gewerbe an

Ein Gewerbe kannst du als Einzelperson anmelden, aber auch mit einem oder mehreren Partnern. In dem Fall handelt es sich um eine sogenannte Gesellschaft des bürgerlichen Rechts (GbR). Die GbR erfordert keinen Vertrag, die mündliche Vereinbarung gilt. Ratsam ist die Schriftform aber trotzdem. Im Vertrag könnt ihr alle wichtigen Punkte fixieren - von der Aufgabenverteilung bis zur Aufteilung der Kosten und des Gewinns. Einen Mustervertrag findest du im Download-Bereich.

> Download-Bereich
> www.mitglieder.gruender.de/

Der § 15 des Einkommenssteuergesetzes (EStG) beschreibt, was ein Gewerbe ist. Sinngemäß steht dort: Bei jeder selbstständigen und dauerhaften Betätigung, mit der Gewinn erzielt werden soll und eine Beteiligung am allgemeinen wirtschaftlichen Verkehr stattfindet, handelt es sich um ein Gewerbe. Ausgenommen sind Tätigkeiten von Freiberuflern oder land- und forstwirtschaftliche Berufe.

Es geht also um Händler, Hersteller und Produzenten, Handwerker und Gastronomiebetriebe.

Außer als Freiberufler kommst du als Unternehmer um eine Gewerbeanmeldung nicht herum. Deine Anlaufstelle ist die Stadtverwaltung bzw. das Gewerbeamt in der Stadt, in der du das Gewerbe anmelden möchtest. In kleinen Gemeinden gibt es oft kein separates Gewerbeamt, sodass du dich an das Rathaus oder Bürgerbüro wendest. Bei vielen Gemeinden kannst du das Gewerbe auch online anmelden. Auf der Homepage der jeweiligen Gemeinde findest du eine Übersicht über alle notwendigen Unterlagen. Die Kosten für die Anmeldung des Gewerbes sind unterschiedlich hoch. Üblich sind Beträge zwischen 30 und 50 €. Die Anmeldung muss mit den amtlichen Formularen vorgenommen werden, die du entweder downloaden kannst oder direkt im Amt bekommst. Jede Neuaufnahme eines Gewerbes ist ebenso meldepflichtig wie alle Veränderungen — zum Beispiel bei einem Umzug.

Für die Anmeldung brauchst du in jedem Fall:

- einen gültigen Lichtbildausweis (Personalausweis oder Reisepass)
- eine Aufenthaltsgenehmigung, wenn du keine deutsche Staatsbürgerschaft hast.

Wenn du ein erlaubnispflichtiges oder überwachungsbedürftiges Gewerbe anmelden möchtest, ist eine Gewerbeerlaubnis notwendig. Erlaubnispflichtig ist zum Beispiel die Aufstellung von Automaten. Für reisegewerbliche Tätigkeiten ist eine Reisegewerbekarte notwendig, für handwerkliche Tätigkeiten ein Eintrag in die Handwerksrolle.

Ist dein Betrieb im Handelsregister, Genossenschaftsregister oder Vereinsregister eingetragen, benötigst du zusätzlich einen Registerauszug. Das ist beispielsweise dann der Fall, wenn du als neuer Inhaber einen bereits bestehenden Betrieb übernimmst. Wenn die Anmeldung eine andere Person vornimmt, braucht diese eine gültige Vollmacht und einen Lichtbildausweis.

Was passiert nach der Gewerbeanmeldung?

Das Gewerbeamt gibt deine Daten an das Finanzamt weiter. Das Finanzamt teilt dir eine Steuernummer zu.

Achtung: Als Gewerbetreibender bist du zur Zahlung von Umsatzsteuer und zur Umsatzsteuer-Voranmeldung verpflichtet. Eine Ausnahme ist das Kleinunternehmen. Wenn der zu erwartende Umsatz unter 17.500 € im laufenden Jahr und unter 50.000 € im Folgejahr liegt, bist du Kleinunternehmer und kannst beim Finanzamt eine Befreiung von der Umsatzsteuerpflicht beantragen. Das bedeutet in der Praxis: Du berechnest deinen Kunden keine Umsatzsteuer. Im Gegenzug darfst du aber auch deine bezahlte Umsatzsteuer — die sogenannte Vorsteuer — nicht geltend machen. Der Hinweis auf die Kleinunternehmerregelung muss auf

jeder Rechnung stehen. Sobald dein Umsatz die Freigrenze übersteigt, entfällt die Befreiung.

Wenn du die Sonderregelung anwendest, muss die Rechnung sinngemäß diesen Satz enthalten: „Gemäß § 19 UStG enthält der Rechnungsbetrag keine Umsatzsteuer."

Die Selbstständigkeit als Kleinunternehmer ist nur dann sinnvoll, wenn du dauerhaft mit wenig Umsatz rechnest. Wer das Gewerbe als Nebenerwerb führt, kann damit gut zurechtkommen. Bei Kunden und Geschäftspartnern entsteht allerdings oft ein wenig professioneller Eindruck. Du sparst dir zwar in geringem Umfang Arbeit - kein Ausweis der Mehrwertsteuer auf der Rechnung, keine vierteljährliche Berechnung von Vorsteuer und Umsatzsteuer für das Finanzamt. Du verzichtest damit aber auch auf die Möglichkeit, bezahlte Umsatzsteuer zurückzufordern. Gerade in der Anfangsphase hast du viele Investitionen. Es lohnt sich also, auf die Kleinunternehmerregelung zu verzichten. Als Alternative kannst du beim Finanzamt einen Vorsteuerabzug beantragen.

Zusätzlich zur Steuernummer ist die Umsatzsteuer-Identifikationsnummer wichtig. Diese Nummer brauchst du für alle wirtschaftlichen Handlungen mit dem Ausland. Aktionen innerhalb der EU sind umsatzsteuerbefreit, deine USt-ID-Nummer und diejenige des Käufers oder Verkäufers müssen aber auf der Rechnung vermerkt werden.

Die Gründung einer GmbH

Die Gesellschaft mit beschränkter Haftung (GmbH) ist eine Kapitalgesellschaft. Für die Gründung ist ein Stammkapital in Höhe von 25.000 € notwendig. Der Gesellschaftsvertrag muss von einem Notar beurkundet werden. Deine Vorteile: Die GmbH bietet ein hohes Ansehen im geschäftlichen Umfeld. Die Haftung ist auf das Einlagekapital beschränkt. Nachteile sind eindeutig die Kosten - das Stammkapital muss vorhanden sein, der Notar stellt ebenfalls eine Rechnung.

Eignet sich die Rechtsform der GmbH für dein Startup?

Wenn du das Stammkapital ohne Probleme aufbringen kannst und dir die Haftungsbeschränkung besonders wichtig ist, ist die GmbH die ideale Gesellschaftsform für dein Unternehmen. Sinnvoll ist diese Form auch, wenn du weitere Gesellschafter in das Unternehmen aufnehmen möchtest. Zunächst zu den Finanzen: 25.000 € sind kein Pappenstiel. Entweder hast du gespart oder geerbt, oder du bekommst Unterstützung, zum Beispiel von deinen Eltern. Eine Kreditaufnahme ist nur dann sinnvoll, wenn du einen sehr günstigen Zinssatz aushandeln kannst und mit einem realistischen Gewinn in ausreichender Höhe rechnen kannst. Mindestens die Hälfte des Stammkapitals muss bei der GmbH-Gründung auf das Firmenkonto eingezahlt werden.

Eine GmbH muss Gewerbesteuer und Körperschaftssteuer entrichten. Die Gründungskosten beim Notar liegen zwischen 400 € und 1000 €, auch dieser Betrag muss aufgebracht werden.

Vor der Gründung muss klar sein, ob du alleiniger Gesellschafter bist oder weitere Personen als Gesellschafter fungieren. Juristische Personen können ebenfalls Gesellschafter werden. Das Unternehmen braucht zudem einen Namen und der Unternehmenszweck muss klar definiert sein. Die Industrie- und Handelskammer ist der richtige Ansprechpartner, wenn es um Fragen rund um den Unternehmensnamen und Unternehmenszweck geht.

Ein weiterer Punkt ist die Frage der Geschäftsführung. Bist du alleiniger Geschäftsführer oder gibt es bei mehreren Gesellschaftern eine Gesamtvertretung? Soll ein Prokurist bestellt werden?

Der Gesellschaftsvertrag

Wenn du dich zur Gründung einer GmbH entschließt, führt das zu einer sogenannten Vorgründungsgesellschaft. Diese Gesellschaft hat die Rechtsform einer OHG (Offene Handelsgesellschaft) oder GbR (Gesellschaft des bürgerlichen Rechts). Anschließend wird der Gesellschaftsvertrag erstellt und notariell beurkundet. Mit diesem Schritt entsteht eine rechtsfähige Vor-GmbH. Einige Notare bieten Unterstützung bei der Vertragserstellung an, stellen dann aber eine zusätzliche Rechnung. Du kannst dich auch von einem Rechtsanwalt beraten lassen. Die Beratung empfiehlt sich insbesondere, wenn mehrere Gesellschafter im Spiel sind, da hier viele Dinge geregelt werden müssen.

Einen Standard-Gesellschaftsvertrag findest du im Download-Bereich.

Download-Bereich
mitglieder.gruender.de

Der Standardvertrag muss immer folgende Punkte beinhalten:

- Unternehmensname und -sitz
- Gegenstand des Unternehmens
- Stammkapital
- Geschäftsführer/in
- Kosten der Gründung
- Ausfertigungen
- Weitere Hinweise

Die Kerndaten bedeuten im Einzelnen:

- Der Unternehmensname ist die Firma. Grundsätzlich hat der Begriff „Firma" die gleiche Bedeutung wie die Begriffe „Frau" und „Herr" als Auftakt zu einer Anrede. Im allgemeinen Sprachgebrauch wird das Wort Firma aber meistens als Synonym für „Betrieb, Unternehmen, Geschäft" verwendet. Der Unternehmenssitz ist der Ort, an dem sich das Unternehmen befindet.

- Beim Gegenstand des Unternehmens erfolgt eine kurze Beschreibung des Unternehmens.

- Das Höhe des Stammkapitals wird im Musterprotokoll eingetragen. Im Vertrag steht, wer das Kapital aufbringt und ob es sofort in der vollen Höhe auf das Firmenkonto einbezahlt wird oder nur zu 50 %.

- Der Geschäftsführer beziehungsweise die Geschäftsführerin steht im Gesellschaftsvertrag. Erforderliche Daten sind der vollständige Name, das Geburtsdatum und die Anschrift. An dieser Stelle erfolgt der Hinweis, dass der Geschäftsführer von den Beschränkungen des § 181 des Bürgerlichen Gesetzbuchs befreit ist.

- Die Kosten für die Gesellschaftsgründung muss die Gesellschaft übernehmen.
- Der Gesellschafter erhält die notarielle Ausfertigung, er muss sie aufbewahren. Das Finanzamt und das Registergericht erhalten jeweils eine beglaubigte Kopie.
- Am Ende des Musterprotokolls kann der Notar weitere Hinweise eintragen.

Sonstige Änderungen, Abweichungen und Ergänzungen sind im Musterprotokoll nicht erlaubt. Wenn ein ausführlicherer Vertrag erstellt werden soll, ist der Standardvertrag nicht geeignet. In diesem Fall kannst du den Vertrag selbst aufsetzen, oder du nutzt fachkundige Unterstützung. Wende dich am besten an einen Rechtsanwalt, der auf Gesellschafts- und Firmenrecht spezialisiert ist.

Ein individueller Gesellschaftsvertrag ist notwendig, wenn es einen tätigen und einen oder mehrere nicht tätige Gesellschafter gibt. Es muss geregelt werden, wie die Verwendung des Gewinns aussieht. Im Vertrag wird festgehalten, welches Gehalt der Geschäftsführer bekommt. Außerdem kann enthalten sein, ob und in welcher Höhe Investitionen geplant sind. Das sind nur einige Beispiele. Je nachdem, was du in der Selbstständigkeit vorhast und welchen Zweck du verfolgst, kann der Gesellschaftsvertrag sehr umfangreich werden.

Wenn mehrere Gesellschafter vorgesehen sind, muss die Gesellschafterliste vor der Beurkundung beim Notar komplett fertiggestellt sein. Die Liste enthält die Vor- und Nachnamen sowie die Geburtsdaten der Gesellschafter. Weitere Angaben sind die Nummern und Nennbeträge der einzelnen Geschäftsanteile und die Summe aller Geschäftsanteile der jeweiligen Gesellschafter. Noch komplizierter wird es, wenn Firmen beteiligt sind, also ein Gesellschafter mit einem eigenen Unternehmen auftritt. Dann ist auch die Nummer der Eintragung im Handelsregister oder beim Amtsgericht notwendig.

Eine Alternative sind sogenannte Gründungspakete. Spezialisten begleiten dich durch die Gründungsphase, du vermeidest damit eigenen Aufwand und bist vor rechtlichen Fallstricken sicher. Ein gutes Gründungspaket findest du zum Beispiel bei firma.de. Die Kosten beginnen bei circa 160 € netto. Die Notarkosten und weitere Kosten wie die Eintragung ins Handelsregister sind darin nicht enthalten.

Der Termin beim Notar

Zum Beurkundungstermin müssen alle Gesellschafter persönlich erscheinen. Wer verhindert ist, kann einen Vertreter schicken, welcher aber eine notariell beglaubigte oder beurkundete Vollmacht braucht. Alle Gesellschafter und der Notar unterschreiben das Gründungsprotokoll. Jetzt gilt die GmbH als „in Gründung" befindlich, das heißt, nach dem Firmennamen muss die Abkürzung „i.G." stehen.

Anschließend kümmert sich der Notar um die Eintragung der GmbH ins Handelsregister. Wenn die Eintragung bestätigt wird, ist die eigentliche GmbH gegründet. Erst jetzt ist die Gründung rechtswirksam vollzogen. Die Eintragung ins Handelsregister kostet ungefähr 150 €. Vorsicht: Die Eintragung wird erst dann gemacht, wenn du den Kostenbeitrag bezahlt hast. Das ist deshalb wichtig, weil die beschränkte Haftung erst dann beginnt, wenn die GmbH vollständig gegründet ist. Bis zu diesem Zeitpunkt gelten noch andere Bedingungen für die Haftung.

Die Bereitstellung des Stammkapitals

Du brauchst ein Firmenkonto, welches auf den Namen der GmbH eröffnet werden muss. Für die Kontoeröffnung sind die Gründungsunterlagen vom Notar notwendig. Achtung: Vermeide zeitliche Verzögerungen. Die notariellen Unterlagen bekommst du in der Regel einige Tage nach der Beurkundung per Post zugesandt. Vereinbare rechtzeitig einen Termin bei der Bank, damit du das Konto eröffnen und das Geld einzahlen kannst. Der Einzahlungsnachweis geht unverzüglich an den Notar. Grundsätzlich soll die Hälfte des Stammkapitals bei der Gründung der GmbH auf das Konto eingezahlt werden. Der Notar benötigt einen Nachweis der Bank, damit er die Eintragung ins Handelsregister veranlassen kann.

Es gibt Ausnahmen für die Bereitstellung des Stammkapitals: Unter Umständen können Sachwerte anerkannt werden. Das sind zum Beispiel Maschinen, die du für die Herstellung deiner Produkte nutzt, oder eine eigene Immobilie, in der sich dein Büro befindet. Wenn der Wert nicht eindeutig festgestellt werden kann, übernimmt ein unabhängiger Gutachter die Wertermittlung.

Eintragungen und Registrierungen

Der Notar meldet die Gesellschaft zur Eintragung ins Handelsregister an. Die Meldung erfolgt elektronisch, dadurch verkürzen sich die Wartezeiten etwas. Das zuständige Gericht — je nach Wohnsitz das Amtsgericht oder Registergericht — prüft die Gesellschafter und wartet auf die Bezahlung der Rechnung. Erst dann werden die Gesellschafter und die Gesellschaft eingetragen. Bis zu diesem Zeitpunkt haftest du persönlich.

Die Haftung bei der GmbH

Der Name sagt es schon aus: Bei dieser Gesellschaftsform ist die Haftung beschränkt. Aus diesem Grund wählen viele Unternehmer diese Rechtsform. Aber Vorsicht: In der Gründungsphase sieht es anders aus. Zunächst ist die zukünftige GmbH eine Vorgründungsgesellschaft. In diesem Zeitraum gibt es noch keine Haftungsbeschränkung. Die Haftung für alle Verbindlichkeiten aus dieser Phase gilt auch nach der endgültigen Rechtswirksamkeit der GmbH als unbeschränkt!

Weitere Schritte nach der Eintragung ins Handelsregister

Nach der Eintragung muss die GmbH beim zuständigen Gewerbeamt und beim Finanzamt angemeldet werden. Die Anmeldung beim Gewerbeamt übernimmst du selbst. Das Gewerbeamt gibt die Daten an das Finanzamt weiter, du kannst dich aber auch selbst um die Meldung beim Finanzamt kümmern. Das Finanzamt teilt dir eine Steuernummer zu. Notwendig ist außerdem noch eine Eröffnungsbilanz, die du an das Finanzamt schicken musst.

Sobald der bürokratische Aufwand erledigt ist, bist du stolzer Inhaber einer GmbH. Jetzt kannst du die offizielle Firmenbezeichnung verwenden und auf deinen sämtlichen Geschäftsunterlagen und beim Internetauftritt nutzen. Du kannst dir sogar einen offiziellen Stempel anfertigen lassen - keine Verpflichtung, aber wirkungsvoll für ein seriöses Image, wenn du zusätzlich zu deiner Unterschrift einen Stempel verwendest.

Auf einen Blick: Die Checkliste für die GmbH-Gründung

- Plan, eine GmbH zu gründen

- Entwurf des Vertrags oder Verwendung des Musterprotokolls
- Eventuell Beratung beim Rechtsanwalt über den Vertragsinhalt
- Terminvereinbarung beim Notar
- Terminvereinbarung bei der Bank
- Beurkundung beim Notar
- Eröffnung des Firmenkontos
- Einzahlung des Stammkapitals
- Überweisung der Rechnung des Amtsgerichts
- Anmeldung der GmbH beim Gewerbeamt
- Anmeldung der GmbH beim Finanzamt
- Erstellung und Übersendung der Eröffnungsbilanz an das Finanzamt

Änderungen und Auflösungen bei einer GmbH

Wenn sich bei der GmbH wesentliche Voraussetzungen ändern, musst du das Amtsgericht und das Gewerbeamt informieren. Mögliche Anlässe sind zum Beispiel der Umzug deines Unternehmens, die Neuaufnahme eines Gesellschafters, das Ausscheiden eines Gesellschafters oder die Bestellung eines Prokuristen. Die GmbH kann unter bestimmten Bedingungen aufgelöst werden. Infrage kommt z.B. eine freiwillige Beendigung oder eine zwangsweise Löschung wegen Vermögensmangel oder Insolvenz.

Begriffe schnell erklärt: Wissenswertes und Grundsätzliches über Unternehmensformen

Wenn es um rechtliche Bezeichnungen und Unternehmensformen geht, fliegen einem schnell die unterschiedlichsten Begriffe um die Ohren. Du brauchst keine umfassende betriebswirtschaftliche Ausbildung, aber es schadet auch nicht, die wichtigsten Bezeichnungen und Einordnungen zu kennen.

Man unterscheidet das Einzelunternehmen, Personengesellschaften und Kapitalgesellschaften.

Das Einzelunternehmen wird von einem Einzelkaufmann beziehungsweise Einzelunternehmer geführt. Er handelt selbstständig, auf eigene Rechnung und eigenes Risiko. Außerdem haftet der Einzelunternehmer mit seinem gesamten Vermögen. Er bezieht kein Gehalt, sondern lebt vom Gewinn des Unternehmens. Der Einzelunternehmer ist eine „natürliche Person".

Zu den Personengesellschaften gehören die OHG und die GbR sowie weitere Formen. Die OHG (Offene Handelsgesellschaft) und die GbR (Gesellschaft des bürgerlichen Rechts) sind immer dann für Gründer interessant, wenn du nicht als Einzelperson aktiv wirst, sondern mit einem oder mehreren Partnern arbeitest. Die OHG eignet sich für Kaufleute. Alle anderen, zum Beispiel Freiberufler oder Kleingewerbetreibende, gründen eine GbR, wenn sie nicht allein arbeiten. Für beide Formen können Verträge geschlossen werden, in denen die Einzelheiten geregelt werden, zum Beispiel die Aufgaben, die Verteilung des Risikos und des Gewinns.

Die GmbH und die UG sind Kapitalgesellschaften und „juristische Personen". Die GmbH erfordert einen größeren Aufwand bei der Gründung und ein Startkapital, das für Gründer oft hoch ist. Die UG (Unternehmer-Gesellschaft) ist dagegen eine sehr praktische und günstige Alternative. Der Vorteil beider Gesellschaftsformen ist die Haftungsbeschränkung.

Die Gründung einer UG (Mini-GmbH)

Die Unternehmer-Gesellschaft (UG), auch als Mini-GmbH oder 1-Euro-GmbH bekannt, ist die einfache Alternative zur klassischen GmbH. Die Gründung ist weniger aufwendig und kostengünstiger. Der Hauptunterschied bei den Kosten liegt bei der Rechnung des Notars. Dein Vorteil: Außer den niedrigeren Kosten für die Gründung beim Notar brauchst du auch viel weniger Einlagekapital. Die UG kannst du bereits mit nur einem Euro Stammkapital gründen. Weiterhin ist die UG eine Gesellschaftsform mit beschränkter Haftung. Während du als Einzelunternehmer OHNE spezielle Haftungsbeschränkung immer mit deinem gesamten Vermögen haftest, bist du als Inhaber einer UG auf der sicheren Seite.

Rechtliche Voraussetzungen für die Gründung einer UG

Die Unternehmergesellschaft (UG) ist genau genommen eine Unterform der GmbH. Die Grundlagen sind im § 5a des GmbHG (Gesetz betreffend die Gesellschaften mit beschränkter Haftung) geregelt. Die Gründung einer UG wird seit 2008 durch das Änderungsgesetzes zur Modernisierung des GmbH-Rechts und zur Bekämpfung von Missbräuchen (MoMiG) ermöglicht. Die Mini-GmbH ist eine Kapitalgesellschaft und eine juristische Person. Sie ist für Gründer und Start-ups wegen des geringen Kapitaleinsatzes besonders geeignet. Gründen darf jede volljährige Person. Als Gründer und Gesellschafter sind auch Personen mit ausländischer Staatsbürgerschaft und juristische Personen zugelassen. Bei einer bestehenden UG fallen Steuern an, du bist zur Zahlung von Körperschaftssteuer und Gewerbesteuer verpflichtet

Schritt für Schritt zur Mini-GmbH

Der Ablauf der Gründung ist mit dem Gründungsprozedere bei einer herkömmlichen GmbH vergleichbar, aber mit einem Mustervertrag weniger aufwendig. Du brauchst dafür einen Gesellschaftsvertrag, der beim Notar beurkundet werden muss. Außerdem ist eine Einzahlung von mindestens einem Euro auf das Firmenkonto notwendig. Diese beiden Vorgänge greifen ineinander über: Damit du das Geschäftskonto eröffnen kannst, muss der notarielle Vertrag bei der Bank vorliegen. Der erste Schritt ist also der Vertrag.

Der Gesellschaftsvertrag für eine UG

Für die UG reicht ein einfacher Vertrag, der auch Musterprotokoll genannt wird. Diesen haben wir dir im Download-Bereich bereitgestellt.

Download-Bereich
mitglieder.gruender.de

Im Vertrag stehen folgende Informationen:

- Wer ist Gesellschafter? Das können bis zu drei Gesellschafter sein, die jeweils mit Vor- und Nachnamen, Geburtsdatum und Anschrift aufgeführt werden.
- Wer wird Geschäftsführer? Bei der UG ist nur ein Geschäfts-

führer üblich.

- Der Vertrag enthält außerdem den Namen und Sitz der Gesellschaft sowie den Gegenstand der Gesellschaft.
- Das Stammkapital wird ebenfalls eingetragen. Das Kapital darf nur in Geldform einbezahlt werden. Die Anerkennung von Sachwerten ist bei der UG nicht erlaubt. Wenn mehrere Gesellschafter eingetragen werden, müssen die Gesellschaftsanteile detailliert benannt werden.
- Der Notar kann im letzten Punkt weitere Hinweise ergänzen. Grundsätzlich darf der Mustervertrag aber nicht abgeändert werden, Streichungen des vorgegebenen Textes sind ebenfalls nicht erlaubt.

Die Beurkundung beim Notar

Zum Notartermin muss der künftige Gesellschafter – eventuell auch mehrere - und Geschäftsführer persönlich erscheinen, die Identität wird mit einem amtlichen Lichtbildausweis festgestellt und notiert. Wenn juristische Personen, also andere Gesellschaften, beteiligt sind, muss ein Handelsregisterauszug vorgelegt werden. Dann liest der Notar den Vertrag vor. Die anwesenden Personen unterschreiben das Musterprotokoll, der Notar beurkundet den Vorgang. Jetzt ist die UG „in Gründung", du kannst also bereits den Zusatz UG i.G. (beschränkte Haftung) verwenden.

Der Notar schickt dir den beurkundeten Vertrag zu, das dauert in der Regel einige Tage. Mit dem Vertrag gehst du zur Bank, eröffnest das Firmenkonto und zahlst den Mindestbetrag von einem Euro ein. Der Notar erhält den Zahlungsnachweis. Anschließend meldet der Notar die Gründung an das Amtsgericht oder Registergericht. Du bekommst eine Rechnung für die Eintragung zugeschickt. Die Eintragung kostet rund 150 Euro. Den Zahlungsnachweis sendest du an den Notar, erst danach gilt die UG als offiziell gegründet.

In der Firmierung, also im Namen deines Unternehmens, steht jetzt: Firma XY UG mit beschränkter Haftung. Achtung, der Hinweis auf die beschränkte Haftung ist verpflichtend! Den neuen Namen deines Unternehmens baust du auch in deine sämtlichen Geschäftspapiere ein, du verwendest ihn auf den Visitenkarten und auf deiner Webseite.

Nach dem Notartermin: Das muss noch erledigt werden

Als nächstes meldest du das neue Unternehmen beim Gewerbeamt an. Das kostet je nach Gemeinde zwischen 30 und 60 €. Das Gewerbeamt meldet deine Daten an das Finanzamt, das Finanzamt teilt dir eine Steuernummer zu und fordert dich auf, eine Eröffnungsbilanz einzureichen. Die Eröffnungsbilanz kannst du selbst erstellen, wenn du mit den gesetzlichen Grundlagen einigermaßen vertraut bist und mit einem Buchhaltungsprogramm umgehen kannst. Alternativ ist ein Steuerberater die richtige Anlaufstelle. Der Notar erstellt abschließend eine Rechnung. Die Notarrechnung liegt bei mindestens 60 € und richtet sich nach der Höhe des Stammkapitals in deinem Gesellschaftsvertrag.

Die UG-Gründung und die Kosten

Ein Euro für die Unternehmensgründung klingt verlockend, aber wie dir die vorherigen Ausführungen zeigen, bleibt es dabei nicht. Natürlich ist es ein gewaltiger Unterschied, ob du einen oder 25.000 € aufbringen musst. Für die UG-Gründung solltest du trotzdem mit einem Betrag zwischen 500 und 1.000 € rechnen.

Die Verpflichtung zur Rücklagenbildung

Eigentlich logisch, dass ein Euro als Firmenkapital nicht ausreicht. Schon um handlungsfähig zu bleiben, brauchst du natürlich mehr Kapital. Der Gesetzgeber verpflichtet dich sogar zur Bildung von Rücklagen. Als Inhaber einer UG darfst du den Gewinn nicht in voller Höhe ausschütten. Wenn deine Gesellschaft einen Gewinn erzielt, müssen 25 % davon als Rücklagen auf das Firmenkonto gebucht werden – empfehlenswert ist ein separates Konto für Rücklagen. Diese Regelung ist so lange verpflichtend, bis das Mindeststammkapital von 25.000 € erreicht ist. Wie lange das dauert ist egal, es gibt keine zeitliche Frist.

Wenn du einigermaßen sicher kalkulieren möchtest, ist eine Kapitaleinlage in Höhe von mehreren Tausend Euro bestimmt nicht verkehrt. Du musst schließlich damit rechnen, dass dein junges Unternehmen nicht vom ersten Tag an Gewinne erzielt. Die laufenden Ausgaben fallen jeden Monat an – du bezahlst Miete, deinen Lebensunterhalt, Versicherungen und vieles mehr. Viele Unternehmer kämpfen sich durch die Anfangszeit – mit einem finanziellen Polster fällt dir das Durchhalten leichter.

Wenn du keinen Gewinn erzielst, fließt auch nichts in die Rücklagen. Du darfst aber nicht tricksen und täuschen: Eine verdeckte Gewinnentnahme ist nicht erlaubt. Wenn das Stammkapital die erforderlichen 25.000 € erreicht, kannst du in eine GmbH umfirmieren, dazu bist du aber nicht verpflichtet. Du darfst dein Unternehmen weiter mit der Bezeichnung UG (haftungsbeschränkt) führen.

Änderungen und Auflösungen bei einer UG

Jede Änderung musst du an das Amtsgericht beziehungsweise Registergericht und an das Gewerbeamt melden. Das kann die Aufnahme eines weiteren Gesellschafters sein, der Ausstieg eines Gesellschafters aus dem Vertrag oder der Umzug deines Unter- nehmens an eine andere Adresse. Wenn sich in der Geschäfts- führung etwas ändert, muss das ebenfalls gemeldet werden. Die UG kann nach einer im Vertrag vereinbarten Frist enden. Du kannst die UG selbst auflösen, wenn der Geschäftszweck nicht mehr gegeben ist, oder die UG in eine GmbH umwandeln. Möglich sind auch Auflösungen durch das Gericht, wenn es zu schwerwiegenden Verstößen kommt. Denkbare Gründe sind Insolvenz, Insolvenzverschleppung, Kapitalmangel oder betrügerische Absichten. Ansonsten bleibt die UG bestehen, bis du eventuell das Unternehmen in eine GmbH umwandelst.

Auf einen Blick: Die Checkliste für die UG-Gründung

• Plan zur Gründung einer UG

• Musterprotokoll ausfüllen

• Termin beim Notar vereinbaren

• Termin bei der Bank vereinbaren, Geschäftskonto eröffnen

• Rechnung vom Amtsgericht bezahlen, Zahlungsnachweis an den Notar schicken

• Unternehmen beim Gewerbeamt und Finanzamt anmelden

• Eröffnungsbilanz erstellen und an das Finanzamt schicken

• Firmenname mit dem Zusatz "UG (beschränkte Haftung)" ergänzen

VERWALTUNG

Dein Unternehmen ist gegründet. Jetzt ist es an der Zeit, sich um die Verwaltung deines Unternehmens zu kümmern. Schließlich geht es nicht nur darum, ein tragfähiges Geschäftsmodell zu entwickeln und ein gutes Produkt zu präsentieren, sondern darum, dass dein frisch gegründetes Unternehmen langfristig funktioniert.

In der Hektik des Alltags verzetteln sich viele Unternehmer gerne in all den anstehenden Kleinigkeiten und versuchen, die Verwaltungstätigkeiten auf ein Minimum zu reduzieren. Dass es hier über kurz oder lang zu Problemen kommen wird, ist dir sicherlich bewusst. Es ist deutlich zielführender und effektiver, wenn du dir zukünftig pro Woche ein gewisses Kontingent an Zeit einräumst, welches du nur für die Verwaltung verwendest. Dann bist du auch in hektischen Zeiten eher bereit, hier wichtige Zeit zu investieren und behältst jederzeit den Überblick und einen kühlen Kopf. Hast du dich einmal eingearbeitet, ist es oftmals ein Kinderspiel, die Verwaltung zu übernehmen und die verschiedenen Arbeiten zu erledigen. Vor allem jetzt am Anfang, wenn das Unternehmen beginnt profitabel zu werden, genügt recht wenig Zeit.

Je nachdem wie sich dein Unternehmen entwickelt, kann sich der Aufwand im Laufe der Zeit deutlich erhöhen. Ist dein Unternehmen so groß geworden, dass die Verwaltung einen Großteil deiner Zeit beansprucht, so ist es an der Zeit, deine Unternehmensstruktur zu verändern und sich Mitarbeiter für diesen Teil der Arbeit ins Boot zu holen. Bis es allerdings soweit ist, solltest du den folgenden Punkten in deiner Verwaltung besondere Aufmerksamkeit schenken.

DER KUNDENSUPPORT: WICHTIGES BINDEGLIED ZU DEN KUNDEN

Dein Produkt ist auf dem Markt, die Verkäufe rollen an. Doch dein Telefon steht nicht still, dein E-Mail-Postfach quillt über und du kannst dich vor Nachfragen kaum retten. Egal ob potentielle Geschäftspartner etwas mit dir besprechen möchten, Kunden Fragen zum Produkt oder zu deinen Angeboten haben oder ob es Verbesserungsvorschläge und Geschäftsangebote gibt: Die Zahl der Kontaktanfragen überfordert dich schnell.

Das ist ein Szenario, welches ziemlich wahrscheinlich ist und schon viele Unternehmer vor dir unvorbereitet getroffen hat. Gerade bei einem spannenden Produkt mit entsprechender Öffentlichkeitswirkung kann die Markteinführung zu einem Dammbruch bei den Kontaktanfragen führen. Doch du musst ein Unternehmen leiten und für den reibungslosen Ablauf in deinem Unternehmen sorgen und kannst dich nicht um alle Anfragen und alle Probleme kümmern. Nun hast du zwei verschiedene Möglichkeiten. Entweder du reagierst überhaupt nicht auf all die Anfragen und Kontaktversuche und verprellst damit im schlimmsten Fall Kunden und potentielle Geschäftspartner oder du kümmerst dich um alle Anfragen und verschenkst somit wichtiges Potential in der Unternehmensentwicklung. Nicht reagieren steht völlig außer Frage. Ein guter Kundenservice ist für die meisten Unternehmen die Basis des Erfolges und wird von den Kunden auch entsprechend honoriert.

Arbeit delegieren heißt das Zauberwort

Auch wenn dein Unternehmen bisher nur dich als Mitarbeiter hat, ist es hier an der Zeit, Arbeit auszulagern und diesen Arbeitsbereich aus der Hand zu geben. Seien wir ehrlich: Du allein könntest eventuell mit all den Kontaktversuchen fertig werden, müsstest hierfür aber einen großen Teil deiner eigentlichen Arbeit vernachlässigen. Das wäre nicht nur fahrlässig, sondern würde auch den Unternehmenserfolg nachhaltig gefährden. Ähnlich verhält es sich, wenn du die Wünsche und Kontaktanfragen einfach ignorierst. Hat ein Unternehmen erst einmal den Ruf eines schlechten Kundenservice, wird es diesen nur schwer wieder los. Das Zauberwort für dich heißt also Business-Process-Outsourcing.

Unterschiedliche Modelle mit verschiedenen Möglichkeiten

Beim Business-Process-Outsourcing geht es vor allem darum, verschiedene wichtige Prozesse innerhalb deines Unternehmens an externe Dienstleister auszulagern und dir somit mehr Zeit und Raum für deine Kerntätigkeiten zu verschaffen. Je nach Umfang der Anfragen können hier zwei unterschiedliche Systeme für dich zum Einsatz kommen. Zum einen eine virtuelle Assistenz oder die direkte Auslagerung von Kundenservice und Customer-Relationship-Management (CMR) an entsprechende Experten. Beide Varianten haben Vor- und Nachteile und sind mit entsprechenden Kosten verbunden. Für den Anfang genügt bei den meisten Unternehmen zunächst eine virtuelle Assistenz, welche praktisch für dich den Job einer Sekretärin oder eines Sekretärs übernimmt und somit bereits einen großen Teil der Anfragen für dich filtert und abfängt. Je größer dein Unternehmen wird, je mehr Anfragen eingehen und je mehr Kunden bedient werden müssen, desto eher lohnt es sich für dich, in ein umfassendes CRM-Team zu investieren. Dies kann nicht nur die Anfragen steuern, sondern auch das Beschwerdemanagement oder die Kundenrückgewinnung übernehmen.

Die virtuelle Assistenz

Der virtuelle Assistent übernimmt für dich Aufgaben, welche dich vom Kerngeschäft ablenken und nicht selbst ausgeführt werden müssen. Die Zusammenarbeit erfolgt virtuell über moderne Informations- und Kommunikationstechnologien.

Eine virtuelle Assistenz kann dir einen umfassenden und klar definierten Telefonservice bieten, welcher von Dir exakt festgelegt werden muss. Du kannst nicht nur die Uhrzeiten definieren, in welchen dein Telefonservice erreichbar sein soll, sondern auch den genauen Umgang bei verschiedenen Anfragen und die von dir gewünschten Antworten. Hinzu kommt, dass du bei den meisten Assistenz-Service-Dienstleistern auch VIP-Telefonnummern und VIP-Kunden festlegen kannst, welche gesondert behandelt werden oder welche direkt zu dir durchgestellt werden dürfen. Somit dient deine virtuelle Assistenz zum einen der Kundenzufriedenheit, da jederzeit jemand in deinem Unternehmen erreichbar ist, kann aber auch als Filter für Anfragen dienen und dir die Zeit geben, dich auf die wichtigen Tätigkeiten zu konzentrieren. Du erhältst umfassende Benachrichtigungen über die verschiedenen Anrufer, die Wünsche der Anrufer oder die Kontaktanfragen und kannst diese entsprechend deines Zeitplans abarbeiten. Bei wichtigen Anrufen kannst du dich beispielsweise per Mail, Anruf oder SMS informieren lassen und somit jederzeit den Überblick behalten. Deine virtuelle Assistenz kann für dich Termine vereinbaren, Anrufe filtern oder auf Wunsch deinen Terminkalender verwalten. Somit kannst du dich auf dein Geschäft konzentrieren und dein Unternehmen vorantreiben, während im Hintergrund dein Kundenservice effektiv und sicher arbeitet.

Natürlich kostet eine virtuelle Assistenz Geld. Allerdings sind solche Lösungen deutlich günstiger als ein persönlicher Assistent oder ein eigenes Sekretariat und vor allem deutlich flexibler. Du kannst genau festlegen, in welchem Umfang und zu welchen Zeiten deine virtuelle Assistenz für dich aktiv sein soll. Das bedeutet auch, dass du die volle Kostenkontrolle hast und diese Dienstleistung der wirtschaftlichen Situation deines Unternehmens jederzeit anpassen kannst. Ein guter Anbieter in diesem Bereich ist beispielsweise die Mobile Office GmbH, welche sich bereits seit vielen Jahren am Markt etabliert hat und dank ihrer transparenten Kosten für Neugründer besonders empfehlenswert ist.

Finden kannst du das Unternehmen unter
www.mobile-office.de/telefonservice

Das Customer-Relationship-Management

Wenn deine Geschäftsidee einschlägt wie eine Bombe und dein Produkt den Markt erstürmt, kommt auch eine virtuelle Assistenz an ihre Grenzen. Sie kann den Vertrieb und Kundensupport nur bedingt übernehmen. In einem solchen Fall kannst du natürlich einen eigenen Support eröffnen, Mitarbeiter einstellen und dein Unternehmen schlagartig vergrößern. Doch das birgt ein erhebliches wirtschaftliches Risiko. Viel sinnvoller ist es in einem solchen Fall, diese Prozesse auszulagern und Experten mit den Aufgaben zu betrauen. Dabei übernehmen Dienstleister eine ganze Reihe von Aufgaben für Dich. Angefangen bei der Annahme von Bestellungen und Kundenwünschen bis zum direkten Produkt-Support oder der Kundenrückgewinnung. Wichtig ist, dass du von Anfang an klar definierst, welche Leistungen du auslagern möchtest und in welchem Umfang sich diese Dienstleistungen für dich rentieren. Wenn du beispielsweise einen großen Teil deiner Verkäufe über diesen Vertriebskanal realisieren kannst, so ist es sinnvoll, hier ein wenig mehr Geld zu investieren und dich um ein entsprechend gutes CRM-Team zu kümmern. Achte auf folgende Punkte, um die Qualität und Leistung eines Anbieters zu beurteilen:

- Sind die fachlichen Qualifikationen der Mitarbeiter passend
- zu deinem Geschäftsmodell und deinen Produkten?
- Werden verschiedene Sprachen angeboten, um deine Zielgruppe effektiv abzudecken?
- Gibt es einen festen Mitarbeiterpool, sodass deine Kunden zuverlässige Ansprechpartner erhalten?
- Werden die Mitarbeiter entsprechend deiner Vorgaben geschult?
- Werden Rückfragen schnell gelöst oder nur über eine zentrale Schnittstelle?
- Kann das Unternehmen gute Referenzen vorweisen?

All diese Punkte solltest du beachten, wenn du dich für einen externen Kundenservice im Customer-Relationship-Management entscheidest. Auf dem deutschsprachigen Markt hat sich unter anderem das Unternehmen tel-inform einen sehr guten Namen gemacht, dessen Dienstleistungen du unter der Adresse www.tel-inform.de/leistungen/business-process-outsourcing genauer in Augenschein nehmen kannst.

Es ist sinnvoll, am Anfang Zeit und Energie zu investieren, um den passenden Dienstleister zu finden. Der anfängliche Aufwand relativiert sich mit der Zeit sehr schnell. Je besser deine Auswahl, umso weniger Zeit musst du später in diesen Bereich deiner Verwaltung investieren. Wie eine gut geölte Maschine kann dein Kundenservice arbeiten und von dir unabhängig agieren.

STEUERBERATUNG: FÜR UNTERNEHMER ÜBERLEBENSWICHTIG

Etliche Unternehmer machen sich viel zu spät Gedanken um ihre Steuererklärung und die verschiedenen Steuer-Spar-Möglichkeiten und werden am Ende des ersten Geschäftsjahres von den Steuerforderungen überrascht. Es ist in jedem Fall sinnvoll, sich bereits frühzeitig, am besten direkt mit der Unternehmensgründung, um einen Steuerberater zu kümmern, welcher dir Arbeit abnimmt und dir frühzeitig verschiedene Möglichkeiten aufzeigt. Dabei kannst du auf zwei unterschiedliche Modelle setzen. Zum einen kannst du dir einen normalen Steuerberater in deiner Stadt suchen, welcher die von dir gewünschten Leistungen übernimmt. Alternativ gibt es mittlerweile eine ganze Reihe von Steuerberater, welche ihre Dienste online anbieten und somit einen ganzen Teil der Arbeit schneller und vor allem direkter erledigen. Für welche Variante du dich entscheidest, hängt nicht zuletzt mit dem Aufwand zusammen, welchen du hierbei betreiben möchtest.

Den passenden Steuerberater finden

Steuerberatung ist immer auch Vertrauenssache. Du als Unternehmer musst auf die Leistungen und Fähigkeiten deines Steuerberaters vertrauen können, welcher für dich die optimalen Lösungen und Lösungswege findet. Im Idealfall musst du dich so wenig wie möglich selber mit der Steuer auseinandersetzen, sondern kannst diesen Posten problemlos und direkt deinem Steuerberater überlassen. Wenn du einen Steuerberater vor Ort suchst, musst du Zeit einkalkulieren, denn du musst zunächst die verschiedenen Steuerberater und ihre Leistungen vergleichen, musst schauen, ob der persönliche Kontakt zum Berater gut ist und ob du ein gutes Gefühl bei der Sache hast. Manche Unternehmer wechseln in den ersten Jahren regelmäßig den Steuerberater, bis sie die passende Lösung gefunden haben. Wenn das als junger Unternehmer für dich zu aufwendig ist, findest du im Internet deutlich einfacher einen Steuerberater.

Steuerberatung im Internet

Bei vielen Startups und Unternehmern ist die Webseite www. felix1.de aufgrund ihres Angebots enorm beliebt. Hier kannst du innerhalb weniger Minuten einen passenden Steuerberater für dein Unternehmen finden – und das in drei einfachen und vor allem schnell zu erledigenden Schritten. Zunächst kannst du dein persönliches Beratungspaket zusammenstellen. Das bedeutet, dass du bereits vor der Suche deine Rechtsform, deine erwarteten Umsätze und auch den Umfang der steuerlichen Beratung bestimmst. Somit kann die Webseite nicht nur die passenden Angebote herausfiltern, sondern dir zusätzlich noch die monatlichen Festkosten für den Steuerberater im Vorfeld kalkulieren. Dies erleichtert deine Finanzplanung deutlich und bewahrt dich vor hohen Rechnungen am Ende des Jahres für die Steuerberatung.

Nun kannst du aus der großen Auswahl an möglichen Steuerberatern einen passenden Berater für dich aussuchen. Da sowohl die Kosten als auch der Umfang der Beratungsleistung bereits kalkuliert sind, kann der Steuerberater direkt nach der Beauftragung mit dir in Kontakt treten und sich an die Arbeit machen.

Natürlich gibt es zu diesem Modell eine ganze Reihe an Alternativen. Die Leistung von www.der-onlinesteuerberater.de ist ebenfalls beliebt. Hier kannst du nicht nur deine Buchhaltung online erledigen, sondern die komplette Steuerberatung einfach und kompetent über die Webseite erledigen lassen.

Wichtig ist, dass du dich mit deinem Steuerberater wohlfühlst und dieser sich umfassend um dich und deine Angelegenheiten kümmert.

Zeit nehmen für eine wichtige Entscheidung

Es ist sinnvoll, ein wenig Zeit in die Suche nach einem passenden Steuerberater zu investieren. Wenn du vor allem digitale Daten nutzt und entsprechend die meisten Dokumente und Belege in digitaler Form vorliegen, kann eine Online-Steuerberatung für dich die richtige Wahl sein. Wenn du jedoch Tonnen von Papier produzierst und diese in deine Steuererklärung mit einfließen müssen, so ist ein Steuerberater vor Ort die richtige Wahl. Im Idealfall übernimmt dein Steuerberater alle wichtigen Arbeiten, damit du dich auf deine Kerntätigkeiten konzentrieren kannst.

Somit bist du nicht nur steuerlich auf der sicheren Seite, sondern kannst möglicherweise von vielen steuerlichen Vorteilen profitieren, welche unser Steuergesetz für Unternehmer bereithält.

BUCHHALTUNG: DIE GRUNDLAGE FÜR DEN WIRTSCHAFTLICHEN ERFOLG

Die Buchhaltung ist für viele Gründer und Unternehmer ein schwieriges Pflaster. Nicht jeder verfügt über eine solide Ausbildung in diesem Bereich und kann die eigene Buchhaltung locker aus dem Ärmel schütteln. Viele Gründer unterschätzen diesen Bereich, was sich spätestens am Ende des Jahres bemerkbar macht und richtig teuer werden kann. Das liegt nicht zuletzt daran, dass viele Unternehmensgründer die Buchhaltung eher nach Bauchgefühl oder nach gefühltem Wissen erledigen und sich dementsprechend oft Fehler einschleichen, welche bei einer Prüfung durch das Finanzamt teuer werden können. Unwissenheit schützt nicht vor Strafe. Du solltest dich mit der Materie beschäftigen und dir Grundlagen der Buchhaltung aneignen. Wenn du die Möglichkeit hast, solltest du einen entsprechenden Kurs für Existenzgründer besuchen. Es gibt eine ganze Reihe an Ratgebern und Schulungen auf dem Markt, welche dir bei der Buchhaltung helfen und mit deren Hilfe du die gröbsten Fehler in der Buchhaltung vermeiden kannst. Hinzu kommt: Wenn du dich für einen guten Steuerberater entschieden hast, wird der deine Unterlagen vor der Abgabe der Steuererklärung prüfen und dich gegebenenfalls auf Probleme in deiner Buchhaltung hinweisen können.

Buchhaltungs-Software und ihre Leistungen

Wenn du deine Buchhaltung selber erledigen möchtest oder musst, so wirst du schnell feststellen, dass die Anforderungen des Gesetzgebers enorm gewachsen sind. So müssen beispielsweise alle steuerlich relevanten Daten vollständig im Original in Papierform oder digital abgelegt werden. Eine Anforderung, welche es in jedem Fall notwendig macht, dass du eine revisionssichere Software für deine Buchhaltung verwendest. Die Auswahl an Software-Lösungen in diesem Bereich ist groß und es fällt vielen Unternehmern schwer, die optimale Lösung für den eigenen Bedarf zu finden.

Bei der Software musst du zunächst zwischen zwei verschiedenen Modellen unterscheiden. Zum einen die klassische Buchhaltungssoftware, welche auf deinem Computer installiert wird und welche du nur von diesem Arbeitsplatz aus nutzen kannst. Alternativ gibt es mittlerweile eine ganze Reihe von Angeboten in der Cloud, welche als Software-as-a-service angeboten werden. Die meisten Unternehmer und Gründer benutzen stationäre Software. In Deutschland gibt es fünf große Anbieter, welche sich im Bereich der Buchhaltung und Verwaltung seit Jahren ein Kopf an Kopf Rennen liefern. Der Leistungsumfang der meisten Software-Pakete ist recht ähnlich, wobei die verschiedenen Anbieter unterschiedliche Schwerpunkte setzen. Die fünf bekanntesten Anbieter bzw. Produkte sind:

- Lexware Buchhaltung der Haufe-Lexware Gmbh & Co. KG.

- WISO Buchhaltungssoftware der Buhl Data Service

- Buchhaltungssoftware der Sage GmbH

- Steuer-Spar-Erklärung der Akademischen Arbeitsgemeinschaft Verlagsgesellschaft mbH

- Buchhaltungssoftware der DATEV eG

Wenn du eine Software suchst, welche die Buchhaltung deutlich vereinfacht und auch ansonsten viele Arbeitsprozesse automatisiert, so ist vor allem die Sage 50 Buchhaltung zu empfehlen. Mit dieser Software kannst du viele Prozesse bereichsübergreifend automatisieren und somit leichter und effektiver erfassen. Die Software enthält eine übersichtliche Auftragsbearbeitung, mit welcher du Angebote und Rechnungen schreiben und Lieferscheine erstellen kannst. Produkt-, Kunden- und Stammdaten werden direkt über die Software erfasst. Ob Einnahmen-Überschuss-Rechnung oder Finanzbuchhaltung: Für jede Geschäftsform und jede Unternehmensgröße findest du hier die passende Lösung. Hinzu kommt, dass du mit der Software deine komplette Warenwirtschaft digitalisieren kannst. So behältst du den Überblick über Warenbestände und deine Lager- verwaltung und sparst Zeit und Energie bei diesem Teil der Verwaltung.

Die Buchhaltung auslagern

Die Buchhaltung kostet dich als Unternehmer eine Menge an Zeit. Es ist also kaum verwunderlich, dass es mittlerweile einige Angebote auf dem Markt gibt, welche auch die Buchhaltung direkt für dich erledigen können. Im Endeffekt musst du bei diesen Dienstleistungen eine Abwägung treffen. Und zwar zwischen den Kosten für diese Dienstleistung und der Zeit, welche du ansonsten mit der Buchhaltung verbringen würdest. Wenn du in der Zeit produktiver sein und Geld verdienen könntest, dann lohnen sich solche Angebote oftmals sogar für dich. Diese Modelle sind nicht nur äußerst bequem, sondern sorgen auch für eine exakte Buchhaltung entsprechend aller gesetzlichen Vorgaben. Du musst dich nicht mehr intensiv mit der Materie befassen, sondern kannst diesen Teil der Verwaltung direkt in die Hände von Profis übergeben. Empfehlenswert in diesem Bereich ist unter anderem die Webseite www.zeitgold. com. Dieses Unternehmen hat sich auf diesen Bereich der Verwaltung spezialisiert und bietet seinen Kunden eine ganze Reihe von Dienstleistungen: Angefangen bei der Buchhaltung bis zum Kassenbuch, das Zahlen von Rechnungen und Gehältern sowie die Rechnungserinnerungen und das Mahnwesen kannst du von diesem Dienstleister übernehmen lassen.

Deine Dokumente werden einmal wöchentlich abgeholt und an das Unternehmen übergeben. Dadurch kann sich nichts lange aufstauen, sondern wird direkt in die Buchhaltung übernommen. Über eine eigene App kannst du verschiedenen Aufgaben delegieren und beispielsweise Zahlungen und Lieferantenrechnungen freigeben. Der Anbieter verspricht, dass du deine Verwaltung innerhalb von 10 Minuten pro Tag bequem am Handy erledigen kannst, anstatt bis zu 10 Stunden pro Woche mit der Buchhaltung und Verwaltung zu verbringen. Die Kosten hängen stark vom Aufwand ab, sodass sich solche Lösungen auch für Unternehmensgründer lohnen können.

Du allein entscheidest, welche Form der Buchhaltung dir am meisten zusagt und wie viel Zeit und Energie du in deine Buchhaltung investieren möchtest.

DAS RECHT IM BLICK BEHALTEN: SO BLEIBST DU STETS AM PULS DER ZEIT

Während Gesetzesänderungen Privatpersonen oftmals nur am Rande tangieren, sieht dies bei Unternehmern ganz anders aus. Denn die verschiedensten Änderungen können sich schnell und stark auf den eigenen Geschäftsbetrieb und auf die eigene Rechtssicherheit auswirken. Aus diesem Grund solltest du dich nach Möglichkeit umfassend informieren und die rechtlichen Entwicklungen im Auge behalten. In einigen Branchen ist es üblich, vor der Unternehmensgründung die rechtliche Absicherung des Unternehmens durch einen Anwalt überprüfen zu lassen. Für normale Unternehmer und Gründer ist so etwas allerdings eher unüblich und zumeist auch teuer. Dennoch solltest du dir die Zeit nehmen, die verschiedenen rechtlichen Grundlagen kennenzulernen und dich mit der Materie zu beschäftigen. Für Startups und Unternehmer bietet beispielsweise die Webseite www.unternehmer.de/recht-gesetze einen guten Anhaltspunkt und viele Informationen. Diese sind nicht nur sehr gut aufbereitet, sondern speziell für Gründer ausgewählt und somit äußerst informativ und vielfach wichtig. Doch damit nicht genug. Denn diese Informationen betreffen nur bestehende Gesetze und können Änderungen oftmals nicht oder nicht umfassend erfassen. Aus diesem Grund solltest du dich in einen entsprechenden Rechts-Newsletter eintragen, welcher dich regelmäßig über anstehende Änderungen informiert. Findest du dann Punkte, welche eventuell dein Unternehmen oder deine Geschäftsform betreffen und bist dir unsicher ob der Auswirkungen, kannst du immer noch einen entsprechenden Fachanwalt zu Rate ziehen und dich somit umfassend absichern. Einen guten und vor allem informativen Newsletter in diesem Bereich findest du unter www.juris.de/jportal/nav/service/newsletterbersicht/newsletter.jsp. Hier kannst du dich schnell eintragen und den Newsletter – bei Bedarf auch jederzeit wieder abbestellen.

Nimm dir in jedem Fall ausreichend Zeit, um den Newsletter

regelmäßig zu lesen oder zumindest zu überfliegen. Dank der sehr guten Strukturierung des Newsletters kannst du alle wichtigen Informationen schnell herausfiltern und diese als Basis für weitere Recherche nutzen. Es kostet dich im Monat nur wenig Zeit, kann aber im Optimalfall dein Unternehmen vor echten Problemen beschützen. Denn als Unternehmer bist du in der Verantwortung die rechtlichen Rahmenbedingungen zu kennen und dein Unternehmen innerhalb der gesetzlichen Vorgaben und Richtlinien zu führen. Daher ist es in jedem Fall ratsam sich umfassend und in verschiedenen Quellen zu informieren und somit für die notwendige Rechtssicherheit zu sorgen.

CONTROLLING: DIESE KENNZAHLEN SOLLTEST DU IM BLICK BEHALTEN

Kennzahlen dienen der Bewertung eines Unternehmens. Wichtige Kennzahlen sind z. B.: Eigenkapitalquote, Anlagendeckungsgrad, Cash Flow, Eigenkapitalrentabilität, Forderungslaufzeit, Materialaufwandsquote/Wareneinsatz, Umsatzrentabilität, Verschuldungsgrad, Return on Investment (ROI), Betriebsergebnis (EBIT, Earnings before interest and taxes), Betriebsergebnis vor Abschreibungen (EBITDA). Du solltest dich am Anfang auf die zentralen Erfolgsfaktoren, die sogenannten Key Performance Indicators (KPI), fokussieren. Die Schlüsselfragen zu den KPIs sind

- Woran werden die Leistungen und der Erfolg festgemacht?
- Woran ist zu erkennen, dass ein Ziel oder Erfolgsfaktor erreicht wurde?

Bei einer Neugründung wissen die Gründer in der Regel nicht, ob ihr Geschäftsmodell tragfähig ist und sich am Markt etablieren kann. Man versucht dem Traum zu folgen und arbeitet praktisch mit der Hypothese, dass das eigene Geschäftsmodell am Markt funktioniert. Kennzahlen helfen dem Unternehmer bei der Überwachung und Kontrolle der verschiedensten Unternehmensaspekte und können aufzeigen, welche Teile des Geschäftsmodells funktionieren und wo nachgearbeitet werden muss. Je mehr Zahlen und Werte zur Verfügung stehen, umso effektiver lassen sich die einzelnen Teilabschnitte bewerten und strukturieren. Es kommt sehr häufig vor, dass Startups in den ersten Jahren Teile des Geschäftsmodells über den Haufen werfen und nachbessern, weil die Kennzahlen zeigen, dass einige Bereiche nicht funktionieren oder nicht profitabel sind. Dies ist vollkommen normal und kann dir auch passieren. Bei etablierten Unternehmen wird die Zahl der Kennzahlen im Laufe der Zeit immer geringer. Es gibt bei einem laufenden Unternehmen nur wenige Kennzahlen, welche überwacht werden müssen und welche Aufschluss über den Erfolg des Unternehmens geben.

Nutze die Kennzahlen zu deinen Gunsten

Natürlich klingt der Begriff Controlling zunächst etwas trocken. Am Anfang kannst nach einem sehr einfachen Prinzip dein Controlling durchführen. Erst wenn dein Unternehmen so groß geworden ist, dass du eine eigene Controlling-Abteilung installieren kannst, sollte das Controlling der Kennzahlen intensiver ausfallen.

Für den Anfang genügen dir jedoch 10 einfache Fragen, die du dir jeden Monat stellen und ehrlich beantworten solltest.

Kosten und Erträge im Überblick

Die vier hier gestellten Fragen helfen dir sowohl die Kosten als auch die Kostenstrukturen zu überblicken und diese in Relation zu deinen Erwartungen im Businessplan zu setzen. Das geschieht am besten auf Basis von Einzelbuchungen, welche dir beispielsweise durch die Buchhaltungssoftware oder deinen Steuerberater aufgeführt werden können. Die Fragen in diesem Bereich lauten:

- Wie ist das Unternehmen im Vergleich zum Businessplan aufgestellt?
- Wie ist das Entwicklungspotential für die nächsten sechs Monate?
- Was verursacht die meisten Kosten im Unternehmen?
- Welche Gründe gibt es für die Kosten im Unternehmen?

Die Liquidität des Unternehmens

Die nächsten zwei Fragen, welche du dir beantworten solltest, beschäftigen sich mit der Liquidität deines Unternehmens. Dein Kontoauszug sagt immer nur die halbe Wahrheit, da beispielsweise Steuerzahlungen und weitere Verbindlichkeiten zeitversetzt gezahlt werden müssen. Es ist für Unternehmer enorm wichtig zu wissen, welche Mittel dem Unternehmen zur Verfügung stehen. Dementsprechend solltest du dir folgende Fragen beantworten:

- Wie viele Geldmittel hat mein Unternehmen aktuell zur freien Verfügung?
- Wie lange würde mein Unternehmen überleben, wenn nun kein Geld mehr verdient werden würde?

Der Vertrieb und seine Effektivität

Um die Fragen nach der Effektivität deines Vertriebes zu beantworten ist die Betriebswirtschaftliche Auswertung (BWA) deines Steuerberaters enorm wichtig. Hier sind Umsatz und Rohertrag exakt aufgeführt und können effektiv kontrolliert werden. Du siehst genau, welche Produkte gut laufen und welche eher schleppend ankommen. Dieser Teil des Controllings ist enorm wichtig, da du hier ebenfalls erkennen kannst, ob du mit einem Produkt Gewinn oder Verluste machst. Daher solltest du dir diese Fragen in jedem Fall stellen:

- Welche Produkte und Dienstleistungen sind besonders profitabel?
- Gibt es Produkte mit denen kein Geld verdient oder sogar Verlust gemacht wird?

Die Kunden im Blick behalten

Kundenbeziehungen müssen sich für dein Unternehmen rechnen. Daher musst du wissen, wie sehr dein Unternehmen von einzelnen Kundenbeziehungen abhängig ist. Denn bricht ein solcher Großkunde weg, kann dies schnell zu echten Problemen führen. Als Regel gilt: 80 Prozent des Umsatzes sollten durch 20 Prozent der Kunden realisiert werden. Somit ist deine Abhängigkeit von Großkunden nicht zu stark und du kannst den Wegfall eines Kunden problemlos verkraften. Hier stellen sich also folgende Fragen:

- Welche Kunden sind für mein Unternehmen besonders profitabel?
- Halte ich die 80/20-Regel ein oder muss ich etwas an meiner Kundenstruktur verändern?

Kennzahlen, welche du kennen solltest

Die oben gestellten Fragen helfen dir bereits den Erfolg deines Unternehmens zu bemessen und zu kontrollieren. Dennoch gibt es auch ein paar nackte Zahlen und Faktoren, welche du nicht außer Acht lassen solltest. Wichtige Kennzahlen für beinahe jedes Startup und Unternehmen sind:

- Die Conversion-Rate deiner Webseite

- Die Kosten für den Wareneinkauf und die Produktion
- Der durchschnittliche Warenkorb
- Die Retourenquote deiner Produkte
- Nachkäufe und Folge-Käufe
- Customer Lifetime Value (CLV, aktueller und potentieller Kundenwert für dein Unternehmen)

Mit diesen wenigen Kennzahlen kannst du schnell und einfach arbeiten sowie Änderungen und deren Erfolge direkt be- urteilen. So kannst du beispielsweise eine Verbesserung der Webseitenstruktur direkt anhand der verbesserten Conversion-Rate erkennen. Eine geringe Retourenquote spricht für die Qualität deiner Produkte und Angebote, während der durchschnittliche Warenkorb vor allem die Attraktivität deiner Produkte in den Fokus rückt.

Wenn du also die wichtigsten Kennzahlen im Blick behältst und zugleich immer wieder dein Unternehmen kritisch in Frage stellst, bist du für den harten Kampf mit der Konkurrenz bestens aufgestellt.

STILLSTAND IST SCHÄDLICH: SEI BEREIT FÜR ENTWICKLUNGEN

Als Unternehmer musst du dich natürlich mit deinen Produkten und Angeboten beschäftigen. Denn diese werden ebenfalls von der Verwaltung deines Unternehmens beeinflusst und müssen an die jeweiligen Anforderungen angepasst werden. Schließlich sind deine Dienstleistungen oder deine Produkte der Schlüssel deines wirtschaftlichen Erfolges. Somit musst du dir als Unternehmer immer wieder einige kritische Fragen stellen und diese realistisch beantworten.

Die Skalierbarkeit deiner Angebote

Du beginnst mit deinem Unternehmen am Markt und bist gut aufgestellt. Du hast ein neues Produkt, welches in ausreichender Anzahl vorhanden ist. Doch was, wenn die Kunden plötzlich beginnen, dir die Waren aus den Händen zu reißen und ein Run auf deine Produkte beginnt? Bist du in der Lage, schnell genug zu produzieren, um eine höhere Nachfrage zu befriedigen? Kannst du dies ohne eine Erhöhung des Einkaufspreises? Kannst du sogar einen niedrigeren Einkaufspreis aushandeln, wenn du in höherer Stückzahl produzierst? Diese Fragen solltest du dir bei all deinen Produkten stellen. Während digitale Produkte oftmals problemlos skaliert werden können, sieht dies bei physischen Produkten oder Dienstleistungen anders aus. Bereite dich frühzeitig auf solche Eventualitäten vor und kläre gegebenenfalls mit deinen Händlern und Zulieferern, ob ein höheres Waren- oder Produktkontingent möglich ist. Viele Unternehmer wurden vom Erfolg überrannt und kamen anschließend kaum mit der Produktion hinterher. Lange Wartezeiten für den Kunden sind bei einem jungen und noch nicht etablierten Unternehmen ein absolutes no-go und werden von den Kunden vielfach nicht akzeptiert. Deine Aufgabe lautet also bei jedem Produkt und jeder Dienstleistung deines Unternehmens, die Skalierbarkeit zu überprüfen und zu berechnen, ob eine höhere Produktion oder höhere Einkaufszahlen das Produkt für dein Unternehmen überhaupt noch rentabel machen würden. Vor allem bei Dienstleistungen solltest du hier im Vorfeld genau kalkulieren und dir entsprechende Breakpoints festlegen. Erst ab einer gewissen Anzahl an Anfragen kann es sich wirtschaftlich lohnen, einen weiteren Mitarbeiter für diese Dienstleistungen einzustellen.

Nutze die Möglichkeiten, dich umfassend zu informieren und dein Unternehmen zukunftssicher aufzustellen. Niemand weiß genau, wie die Kunden auf ein bestimmtes Produkt oder Angebot reagieren. Manchmal ist das Geschäftsmodell viel zu konservativ und kann mit der Realität nicht Schritt halten. In einem solchen Fall ist es wichtig, dass du dir frühzeitig Gedanken um die Skalierbarkeit deiner Angebote gemacht hast und in der Lage bist, der gesteigerten Nachfrage nachkommen zu können.

> Ausführliche Tipps dazu wie weit du den Umsatz steigern kannst ohne kontinuierlich in Produktion und Infrastruktur zu investieren und Fixkosten erhöhen zu müssen, erhältst du in der Gründer.de Akademie:
> www.gruender.de/akademie

Erweiterung, Verbesserung und Diversifizierung deiner Angebote

Jedes Produkt und jedes Angebot ist einem gewissen Lebenszyklus unterworfen. Das bedeutet für dich als Unternehmer, dass du mit einem einzelnen Produkt oder einer einzelnen Dienstleistung nicht auf Dauer erfolgreich sein wirst, weil sich der Markt oder die Ansprüche der Kunden verändern. Konkret bedeutet dies für dich, dass du dein Angebot beständig erweitern und verbessern oder neue Produkte entwickeln und zur Marktreife führen musst. Aus diesem Grund ist es wichtig, sich mit dem Markt zu beschäftigen und die Kunden stets im Blick zu behalten. Am einfachsten geschieht dies durch die Beobachtung der Konkurrenz. Abonniere beispielsweise die Newsletter deiner Konkurrenten, besuche für deinen Bereich wichtige Messen und werfe einen Blick auf die entsprechenden Wachstumsmärkte.

Viele Trends schwappen beispielsweise noch immer von Amerika nach Deutschland. Je früher du einen neuen Trend erkennst und je früher du diesen Trend bedienen kannst, umso größer ist der Vorsprung vor deinen direkten Konkurrenten.

Ähnlich verhält es sich, wenn du über ein Produkt verfügst, welches bisher noch nicht am Markt zu finden ist und du damit eine gewisse Monopolstellung inne hast. Du kannst davon ausgehen, dass dein Produkt über kurz oder lang kopiert und entsprechend günstiger auf den Markt geworfen wird. Somit musst du dein Produkt beständig weiterentwickeln und verbessern, um immer wieder einen Vorsprung zu erhalten.

Du siehst, dass die Entwicklung deiner Produkte einen großen Teil deiner Zeit in Anspruch nehmen kann. Aus diesem Grund solltest du andere Bereiche der Verwaltung so viel wie möglich delegieren oder outsourcen. Nur gute Angebote, gute Produkte und einzigartige Dienstleistungen setzen sich langfristig auf dem Markt durch und sorgen für den wirtschaftlichen Erfolg. Nehmen wir noch einmal den Apple-Konzern als Beispiel. Obwohl es mittlerweile viele Smartphone-Hersteller gibt, kann der Konzern noch immer mit seinen iPhones enorme Gewinne realisieren. Und das nur, weil das iPhone mit seiner Kombination aus Hard- und Software gut zugänglich, sicher und effektiv ist und iPhones auch ein Statussymbol darstellen.

 Fazit: Eine gute und umsichtige Verwaltung sorgt für eine enorme Verbesserung deines Potentials

---

Bereits in einem jungen und aufstrebenden Unternehmen darf die Verwaltung nicht vernachlässigt werden. Du musst nicht alle Arbeiten alleine übernehmen, sondern kannst einen großen Teil der Aufgaben problemlos auslagern beziehungsweise delegieren. Dir wird die Verwaltung deines neuen Unternehmens deutlich einfacher und schneller von der Hand gehen und du kannst dich auf die Weiterentwicklung deiner Produkte oder deiner Dienstleistungen konzentrieren, kannst Energie für das Marketing einsetzen und deine Reichweite weiter verbessern. Je effektiver du deine Verwaltung aufbaust und je besser du diese in deine unternehmerische Tätigkeit integrierst, umso leichter behältst du über alle Entwicklungen deines Unternehmens den Überblick. Richte dir einen Tag in der Woche ein, an dem du dich um die Verwaltung kümmerst, an welchem du deine Kennzahlen in Augenschein nimmst und an welchem du die Ausrichtung deines Unternehmens operativ betrachtest. Es ist nicht sinnvoll, sich jeden Tag mit diesen Dingen auseinanderzusetzen, da du, zumindest am Anfang, noch zu stark im operativen Geschäft integriert bist. Wenn du aber einen Tag pro Woche in die Verwaltung investierst und dort die strategischen Entscheidungen auf einer soliden Datenbasis fällst, verlierst du nicht den Blick für das Wesentliche und kannst dich auf deine Kernkompetenzen konzentrieren.

Vermeide es, in Extreme zu fallen. Es gibt Unternehmer, welche sich fast ausschließlich um die Verwaltung kümmern und das operative Geschäft vernachlässigen. Doch hier liegen zunächst die Chancen und Möglichkeiten für ein junges Unternehmen. Wer sich also als Verwalter sieht und dementsprechend wenig Zeit und auch Energie investiert, wird schnell untergehen. Ähnlich verhält es sich mit Unternehmern, welche sich nur um das operative Geschäft und kaum oder gar nicht um die Verwaltung kümmern. Spätestens bei der ersten Steuerforderung oder bei der ersten Buchprüfung kommt es hier unweigerlich zu Problemen, welche das gesamte Unternehmen in den Abgrund ziehen können.

Du hast es geschafft ein Geschäftsmodell zu entwickeln, hast ein Produkt oder eine Dienstleistung, welche den Kunden gefällt und bist dabei dein eigenes Unternehmen aufzubauen. Ein wenig Zeit für die Verwaltung zu investieren und geschickt die verschiedenen Prozesse auszulagern, ist für dich am Anfang der richtige Weg. So kannst du dein kleines Unternehmen erstmal langsam anwachsen lassen und schauen, wie es sich entwickelt.

Beim weiterführenden professionellen Aufbau deines Unternehmens, hilft dir die Gründer.de Akademie weiter:
www.gruender.de/akademie

LOSLEGEN

Und? Was hält dich jetzt noch davon ab loszulegen? Wir sind alle Einzelschritte zum Aufbau deines Unternehmens von Anfang bis Ende mit dir durchgegangen. Die Fragezeichen und Zweifel in deinem Kopf sind zu einem Plan geworden, den du nun Stück für Stück abarbeiten kannst. Du weißt jetzt genau, welchen Schritt du zu welchem Zeitpunkt ausführst und kannst deine Idee nun mit Vollgas und einer Menge Motivation verwirklichen!

Unser 24 Stunden Plan soll dich hierbei keineswegs unter Druck setzen. Vielmehr soll er dich unterstützen und für die Tatsache sensibilisieren, dass du deutlich effizienter bist, wenn du deine Zeit systematisch und diszipliniert einteilst. Durch dieses Zeitmanagement richtest du dich konsequent auf das Wesentliche aus, anstatt wertvolle Zeit zu verschwenden. Darum ist es so sinnvoll, mit einem Schlachtplan zu arbeiten, in welchem du alle Aufgaben festhältst und mit einem festen Zeitbudget absteckst.

Unsere Zeitverteilungsempfehlung soll dir hier als Richtlinie dienen, von der du natürlich abweichen kannst und sollst, wenn du in einigen Punkten mehr oder weniger Zeit benötigst. Das Entscheidende ist, dass du loslegst und dich nicht aufhalten lässt! Ein klarer Zeitplan und die Priorisierung der Aufgaben wird dir helfen, dein Ziel zu fokussieren und zielstrebig zu erreichen.

Buch lesen:	3 h	✓
Geschäftsmodell:	4,5 h	
Kapital:	2 h	
Schlachtplan:	0,5 h	
Produkt:	5 h	
Verkauf:	5 h	
Unternehmen:	2 h	
Verwaltung:	2 h	

PS: Falls du hier angekommen bist und trotzdem noch nicht weißt, wie du loslegen sollst, dann gräm dich nicht. Aller Anfang ist schwer. Mit der richtigen Hilfe kannst auch du alles schaffen: Thomas Klußmann, Online Marketing Experte und 5-facher Unternehmer, bietet dir ein Kickstart Coaching an, in dem du mit ihm besprechen kannst, wie er dich bei deinem Vorhaben bestmöglich unterstützen kann. Dieses halbstündige Strategiegespräch ist für dich kostenlos, also bewirb dich einfach unter:

www.gruender.de/bewerbung

Kickstart Coaching

DAS PREMIUM COACHING
mit Thomas Klußmann

In einem normalen Beruf bekommt man Gehalt ausgezahlt, wenn man arbeiten geht. Es ist also ein direkter Tausch von Arbeitszeit gegen Geld. Bei passivem Einkommen ist das anders. Hier kommt Geld jeden Monat auf dein Konto ohne, dass du dafür einer regelmäßigen Arbeit nachgehst. Bevor wir uns hier falsch verstehen. Passives Einkommen bedeutet nicht, dass man "nichts für sein Geld tun muss".

Vielmehr muss man gerade am Anfang, teilweise hart arbeiten, so dass man am Ende dann abschöpfen kann.

Ich weiß, dass passives Einkommen funktioniert. Aber viele Menschen glauben nicht daran und das verstehe ich. Ich verspreche dir, du wirst zwar nicht über Nacht Erfolg haben, aber mit ein bisschen Motivation und Arbeit wird sich das ganze für dich mehr als lohnen.

Doch stopp! Bevor du dich für das Kickstart Coaching anmeldest, beantworte zuerst einmal für dich selbst die nachfolgenden Fragen:

‣ Wer bist du?
‣ Was hast du schon gemacht?
‣ Was sind deine Pläne?
‣ Was ist dein aktueller Stand?
‣ Was ist deine größte Herausforderung?
‣ Was ist deine Erwartung an das Intensiv-Seminar?

INKLUSIVE
30 MINUTEN STRATEGIE GESPRÄCH

Wir werden dich nach der Anmeldung um deine Antworten bitten.

Gründer.de Akademie

Dies alles ist in der Gründer.de Akademie enthalten

- ✓ Der umfassende Online-Kurs mit über 200 Seiten geballtem Wissen
- ✓ Der 60-Tage-Plan für deinen Erfolg
- ✓ 10 fertige Geschäftsideen zum sofort loslegen
- ✓ 21 Wegweiser herausragender Persönlichkeiten

- ✓ Der Growth-Hacking Guide für deinen Raketen-Start
- ✓ Mehr als 10 Vorlagen für Verträge + Businessplan Checkliste
- ✓ Zugänge zu den besten Tools am Markt im Wert von über 120€
- ✓ Über 200 wichtige Kontakte zur Presse, Investoren, Dienstleister & mehr
- ✓ 3 Monate Zugang zum Gründer.de Inner-Circle im Wert von 270€

Trete der Gründer.de Akademie bei und baue dein Unternehmen auf:

 www.gruender.de/AKADEMIE

INNER **CIRCLE**

Jede Woche die besten Strategien

Im Gründer.de Inner-Circle erhältst du „Insights", die sonst nur unter Profis und unter vorgehaltener Hand weitergegeben werden. Im Inner-Circle erfährst du also nicht nur was zum aktuellen Zeitpunkt extrem gut funktioniert – du erfährst auch was nicht funktioniert, was man besser nicht nachmachen sollte. Du bekommst schonungslos die ganze Wahrheit hinter den Fassaden zu sehen – und das ist das, was dich richtig Vorwärts bringt.

Deine Vorteile als Mitglied im Inner-Circle:

Das beste Knowhow
Die Experten im Inner-Circle gehören zu den besten ihrer Disziplin. Daher können die Experten auch dir ganz genau erklären, welche Strategien bei dir besonders gut funktionieren werden.

Die aktuellsten Strategien
Als Mitglied im Inner-Circle erfährst du als einer der ersten, welches die aktuellsten Strategien sind – und ob diese auch wirklich funktionieren.

Feedback von der Community
Die Experten und Mitglieder im Inner-Circle geben dir schnelles, ehrliches und qualifiziertes Feedback. Direkter kann der Nutzen für dein Projekt kaum sein.

Fehler und Shortcuts
Lerne aus Fehlern von Gleichgesinnten, aber nutze auch Abkürzungen, sogenannte „Shortcuts", um schneller gute Ergebnisse für dein Projekt zu erzielen.

Maximale Motivation
Lass die Community an den Fortschritten deines Projektes teilhaben, hol Feedback ein, beteilige dich an Diskussionen zu Projekten anderer Teilnehmer.

Einsteiger + Fortgeschrittene
Als Einsteiger lernst du direkt von Beginn an die richtigen Strategien, ohne Umwege. Als Fortgeschrittener kannst du sehr spezifische Fragen an erfolgreiche „Vollprofis" stellen.

Mitglied werden kannst du unter:

www.gruender.de/inner-circle/